普通高等教育"十三五"规划教材

计算机应用基础实践教程

主　编　杨海波　李烨平

副主编　俞炫昊　孟庆霞

中国水利水电出版社
www.waterpub.com.cn
·北京·

内 容 提 要

　　本书通过案例对学生进行面向计算机基本技能的培养，在学以致用思想的指导下，从实际应用出发，进行计算机基础知识、基本技能的训练。针对大学低年级学生计算机知识水平参差不齐、能力不够的问题，本书从案例简介、案例制作、案例小结、拓展训练四个部分进行设置，指导学生在计算机上实践。

　　本书安排的案例具有很强的实用性和可操作性。其中包括计算机系统初识、数据编码与存储、硕士论文编辑排版、复杂表格制作、学生成绩表数据分析、学生成绩表数据处理、销售记录表数据统计与分析、产品销售图表的统计和分析、演示文稿创新设计、美食展览会演示文稿制作、网络连线实验、无线路由器的设置共十二个案例。

　　每一个案例都由一个具体的实例引入，所有实例均是日常工作或生活中遇到的实际问题，从而可以激发学生的学习热情和学习兴趣。

　　本书适合高等院校非计算机专业的低年级学生使用，可作为计算机应用基础实践课程的教材，也可作为学习计算机基础知识、提高解决实际问题能力的参考书，还可作为计算机爱好者的自学用书。

图书在版编目（CIP）数据

　计算机应用基础实践教程 / 杨海波，李烨平主编
. -- 北京 ： 中国水利水电出版社，2018.9（2020.8 重印）
　普通高等教育"十三五"规划教材
　ISBN 978-7-5170-6859-4

　Ⅰ．①计… Ⅱ．①杨… ②李… Ⅲ．①电子计算机－
高等学校－教材 Ⅳ．①TP3

中国版本图书馆CIP数据核字(2018)第209236号

策划编辑：石永峰　　责任编辑：高　辉　　加工编辑：张溯源　　封面设计：李　佳

书　　名	普通高等教育"十三五"规划教材 计算机应用基础实践教程 JISUANJI YINGYONG JICHU SHIJIAN JIAOCHENG
作　　者	主　编　杨海波　李烨平 副主编　俞炫昊　孟庆霞
出版发行	中国水利水电出版社 （北京市海淀区玉渊潭南路 1 号 D 座　100038） 网址：www.waterpub.com.cn E-mail：mchannel@263.net（万水） 　　　　sales@waterpub.com.cn 电话：（010）68367658（营销中心）、82562819（万水）
经　　售	全国各地新华书店和相关出版物销售网点
排　　版	北京万水电子信息有限公司
印　　刷	三河市鑫金马印装有限公司
规　　格	184mm×260mm　　16 开本　　9.5 印张　　232 千字
版　　次	2018 年 9 月第 1 版　　2020 年 8 月第 3 次印刷
印　　数	5001—6500 册
定　　价	28.00 元

前　言

　　"计算机应用基础"课程是各专业大学生必修的计算机基础课程，是学习其他计算机相关课程的基础课。通过多年的教学实践以及与其他高等院校的交流，同时参考教育部高等学校计算机基础课程教学指导委员会提出的《关于进一步加强高等学校计算机基础教学的意见》中有关"大学计算机应用基础"课程教学的要求，作者编写了这本《计算机应用基础实践教程》。

　　本书作者均长期从事计算机一线教学工作，有着丰富的教学经验。为了体现现代计算机基础教育的特色，作者对本书的编写方式进行了全新的设计。本书以培养能力为目标，本着实践性与应用性相结合、课内与课外相结合、学生与企业及社会相结合的原则，将实际操作案例引入教学，思路清晰、结构新颖、应用性强。

　　本书虽然为《计算机应用基础》一书的配套实践教程，但完全可以独立使用，有很强的通用性。书中的案例均选用典型实例，而并非是单纯的验证性实验案例。通过本书的学习，学生解决实际问题的能力可大大提高。这使得本书更具有实用性且不乏趣味性，使学生在提高学习兴趣的同时还可掌握相关的计算机基础知识和基本技能。

　　本书遵循由浅入深、循序渐进的原则，适合本科院校非计算机专业作为计算机基础实践教程使用，建议在大学一年级第一学期开设，也适合在实验室讲解，方便学生边听、边思考、边练习。

　　本书由杨海波、李烨平任主编，俞炫昊、孟庆霞任副主编，参与本书编写的还有周丽娟、纪淑芹、侯仲尼、毛宇婷、郭俊荣等。全书由杨海波统稿。

　　在本书的编写过程中，参考了相关文献资料，在此向这些文献资料的作者深表感谢。由于编者水平和经验有限，加之编写时间较仓促，书中难免有不足和疏漏之处，恳请读者和专家批评指正。

编　者
2018 年 7 月

目　　录

案例 1　计算机系统初识

知识点：

了解计算机硬件系统和软件系统，使学生对计算机的硬件系统和软件系统有初步的认识。

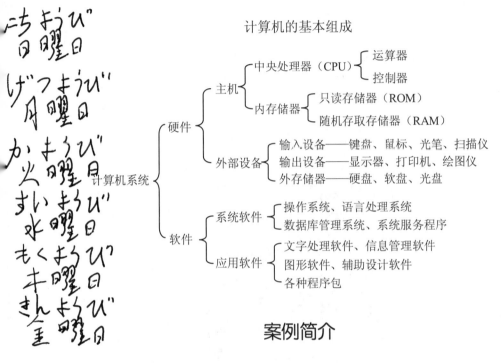

计算机的基本组成

案例简介

教师利用多媒体给学生演示计算机的基本组成。

（1）显示器：计算机最主要的输出设备，如图 1-1 所示。

图 1-1　显示器

（2）主机箱：放置计算机其他硬件的设备。主机箱后面有许多设备接口，如图 1-2 所示。

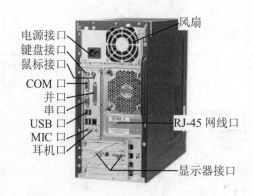

电源接口
键盘接口
鼠标接口
COM 口
并口
串口
USB 口
MIC 口
耳机口

风扇
RJ-45 网线口
显示器接口

图 1-2　主机箱

　　主机箱内部主要硬件有电源、CPU、CPU 风扇、显卡、主板、硬盘、软驱（现在已很少用到）、光驱、光驱数据线、内存等，如图 1-3 所示。

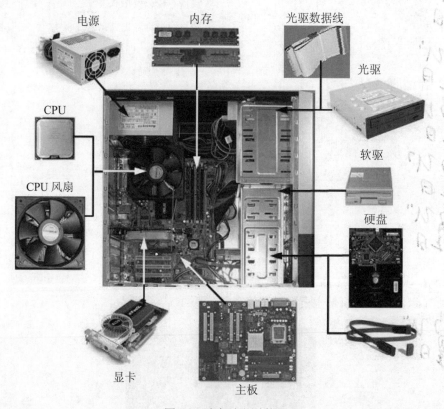

电源　　内存　　光驱数据线
光驱
CPU
软驱
CPU 风扇
硬盘
显卡　　主板

图 1-3　主机内部结构

　　（3）主板：计算机最重要的部件，上面安装了组成计算机的主要电路系统，拥有各种插槽和各种接口，主板的性能影响计算机的整体性能，如图 1-4 所示。

　　（4）CPU：即中央处理器，是一块超大规模的集成电路，是一台计算机的运算核心和控制核心，如图 1-5 所示。

　　（5）内存：位于系统的主板上，可以同 CPU 直接进行信息交换，其主要特点是运行速度快、容量较小，断电后内存中的数据会丢失，如图 1-6 所示。

①内存插槽
②24pin 主板供电接口
③SATA3.0 接口
④STA2.0 接口
⑤USB3.0 前置面板
⑥显卡接口

⑦键盘鼠标接口
⑧USB2.0 接口
⑨VGA 显示器接口
⑩DV1 显示器接口
⑪USB3.0 接口

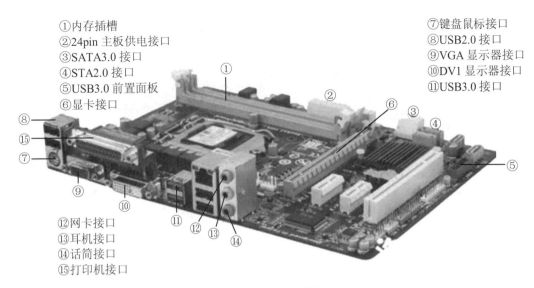

⑫网卡接口
⑬耳机接口
⑭话筒接口
⑮打印机接口

图 1-4　主板及其接口

图 1-5　CPU

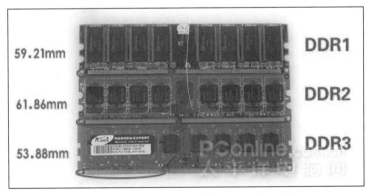

图 1-6　内存

　　安装和卸载内存前先关闭计算机，再断开电源，然后再按开机键让电流都放干净，切记一定要断开电源，以防止静电损坏内存。

　　安装内存时要小心，注意内存插条要与插槽的插口吻合，双手同时用力，将内存插条平衡地插入槽中，听到"啪"的一声轻响就行了，如图 1-7 所示。

图 1-7   内存的安装

（6）硬盘：存储数据的主要设备，特点是容量大，断电后数据不丢失，便于长久地保存数据，如图 1-8 所示。

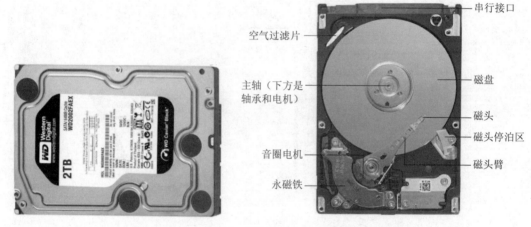

图 1-8   硬盘及其内部结构

（7）光驱：主要是利用激光原理存储和读取信息，利用光驱可以读取光盘中的信息，有刻录功能的光驱可以把计算机中重要的信息刻录在光盘上，便于保存和携带，如图 1-9 所示。

图 1-9   光驱

案例2 数据编码与存储

知识点:

- 掌握二进制、八进制、十进制和十六进制数据相互转换的方法。
- 掌握数值数据在计算机中的表示方法。
- 掌握各种文字数据在计算机中的表示方法。
- 了解声音、图形、图像在计算机中的表示。

案例简介

教师利用 Binary Viewer 软件给学生演示计算机中的数据编码与存储形式,如图 2-1 所示。

图 2-1　图片

图 2-1 所示的图片在计算机中的二进制编码如图 2-2 所示。

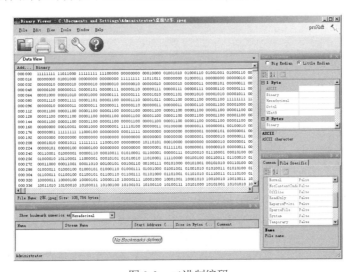

图 2-2　二进制编码

计算机中的一个用"记事本"打开的文本文件如图 2-3 所示。

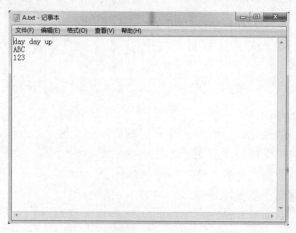

图 2-3　文本文件

图 2-3 所示的文本文件在计算机中的二进制编码如图 2-4 所示。

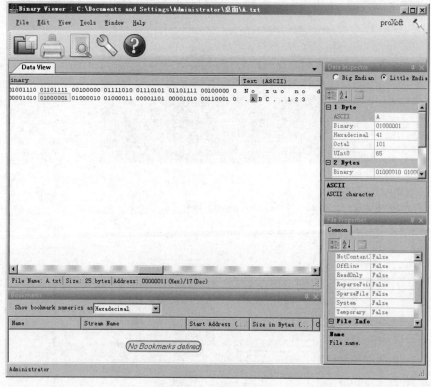

图 2-4　二进制编码

案例 3 硕士论文编辑排版

知识点：

- 掌握标题样式的使用。
- 掌握图、表的自动编号。
- 掌握分节符的应用。
- 掌握页眉和页脚的设置。
- 掌握目录的插入方法。
- 掌握封面的插入方法。

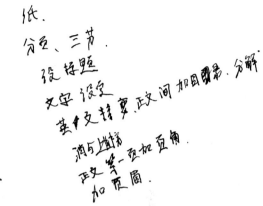

3.1 案例简介

我们有时可能会遇到需要制作长篇文档的情况，比如论文、调查报告等。这时需要根据特定的格式要求对文档进行排版，使文章更加规范、整洁、美观。例如设置封面、标题、目录、页眉、页脚、参考文献、分节显示页码等。本节将以一篇硕士论文为例，在实际排版使用中，按照长篇文档编辑排版的方式来详细讲解排版流程。

长篇文档排版的一般步骤如下：

（1）设置页面格式。

（2）设置和应用样式。

（3）图片和表格的自动编号。

（4）设置页眉和页脚。

（5）插入封面和目录。

3.2 案例制作

3.2.1 操作要求

（1）打开"素材\硕士论文.docx"文档文件，同时设置文档页面格式，根据打印方式预留装订线。

（2）对本论文标题和正文的格式要求见表 3-1，要求使用样式设置。

（3）为文档中所有的图片和表格插入自动编号的题注，其中图片的题注在图片下方居中位置，并且图片要按在章节中出现的顺序分章编号。

（4）制作自定义封面设置。

（5）创建文档目录。

（6）创建图、表目录。

（7）插入分节符。

（8）设置页眉页脚。

3.2.2　操作步骤

1. 设置页面格式

（1）打开 Word 2010，单击"文件"→"打开"，在计算机中选择"素材\硕士论文.docx"。

（2）选择"页面布局"选项卡，单击"页面设置"组中的"纸张大小"，设置纸张大小为 A4。由于页面的打印方式分单面打印和双面打印两种，所以装订线的设置也各有不同。单面打印可以不设置装订线位置，只在装订的边距上增加宽度即可，在"页边距"中设置上为2.7 厘米、下为 2 厘米、左为 3.5 厘米、右为 2.5 厘米。双面打印设置"装订线"为 1 厘米，"页边距"上为 2.7 厘米、下为 2 厘米、左为 2.5 厘米、右为 2.5 厘米。本文档以双面打印来排版，使用双面打印的装订线设置方法。

2. 设置和应用样式

样式是指用有意义的名称保存的字符格式和段落格式的集合，通过定义常用样式，可以使同级的文字呈现风格的统一，同时可以对文字快速套用样式，简化排版工作，而且，Word 中许多自动化功能（如目录）都需要使用样式功能。Word 中已经定义了大量样式，一般在使用中只需要对预定义样式进行适当修改即可满足需求。对于常用的样式，还可以先定义到一个模板文件中，创建属于自己的风格，以后只需基于该模板新建文档，就不需要重新定义样式了。

本论文对标题和正文的格式要求见表 3-1，要求使用样式设置。

表 3-1　标题和正文格式要求

名称	字体	字号	对齐方式/缩进	间距
一级标题	宋体	三号	居中对齐	多倍行距 2.41，段前 17 磅，段后 16.5 磅
二级标题	宋体	四号	左对齐	多倍行距 1.73，段前、段后 13 磅
三级标题	宋体	小四	左对齐	多倍行距 1.73，段前、段后 13 磅
正文	宋体	小四	两端对齐，首行缩进 2 字符	固定值 18 磅

（1）在"开始"选项卡"样式"组中的"标题 1"样式名上右击，选择快捷菜单中的"修改"项，如图 3-1 所示。

图 3-1　样式组

（2）打开"修改样式"对话框后，可以修改样式名称、样式基准等。单击左下角的"格式"按钮，可以定义该样式的字体段落等格式，可以根据具体要求进行适当修改。勾选下方"自动更新"复选框可以让应用了该样式的文字或者段落自动修改。另外，还可以为某样式设置快捷键，以后只需要选中文字并按快捷键即可快速套用样式，如图 3-2 所示。

图 3-2　"修改样式"对话框

注意："正文"样式是 Word 中最基础的样式，不要轻易修改它，一旦它被改变，将会影响所有基于"正文"样式的其他样式的格式。另外，尽量利用 Word 的内置样式，尤其是标题样式，这样可使相关功能（如目录）更简单。

为了便于样式的管理，也可以新建样式。单击"样式"组的对话框启动器 ⬛，再单击"样式"对话框下方的第一个按钮"新建样式"，打开"根据格式设置创建新样式"对话框（该对话框与图 3-2"修改样式"对话框一样），如图 3-3 所示。输入样式名称，"样式基准"选"正文"，意为在"正文"这个样式的基础上创建此样式，在"后续段落样式"中选择输入的样式名称，意为套用了此样式的正文，其后续新建的段落也默认继续套用此样式，然后在其段落中设置"字体""段落"等样式值，确定后，即可在"样式"组和"样式"窗格列表中看到新建的这个样式。

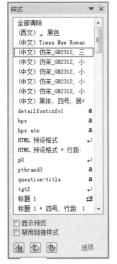
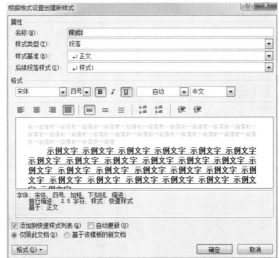

图 3-3　新建样式

（3）按表 3-1 依次修改标题和正文样式的字体和段落格式，为了方便下文的应用，可以为"标题 1""标题 2""标题 3"添加快捷键 Ctrl+1、Ctrl+2、Ctrl+3。添加方法：在"根据格式设置创建新样式"对话框中选择"格式"→"快捷键"，在打开的"自定义键盘"对话框中单击"请按新快捷键"的编辑栏，同时按下键盘的 Ctrl 和 1 键，在编辑栏中出现 Ctrl+1 后，单击"指定"按钮添加快捷键，如图 3-4 所示。

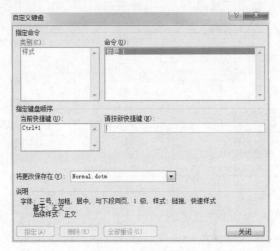

图 3-4　指定快捷键

（4）选中需要设置为一级标题的文本，例如"第一章"，单击"样式"组中的"标题 1"（或者用快捷键 Ctrl+1），这样就为"第一章"应用了"标题 1"样式。

（5）用同样的方法为其他的一级标题、二级标题、三级标题和正文应用样式。其中正文样式如果在修改样式时选择了"自动更新"，则不需要应用样式也可以达到修改正文的目的。

3．图片和表格的自动编号

为文档中所有的图片和表格插入自动编号的题注。其中图片的题注在图片下方居中位置，并且图片要按在章节中出现的顺序分章编号，如第一章第一个图为"图 1-1"；表格的题注在表格上方居中位置，也要按在章节中出现的顺序分章编号，如第一章第一个表为"表 1-1"。

题注就是给图片、表格、图表、公式等项目添加的编号和名称。例如，在本文档中的图片下面就输入了图编号和图题注，这可以方便读者查找和阅读。使用题注功能还可以保证在长文档中的图片、表格或图表等项目能够顺序地自动编号，在移动、插入或删除带题注的项目时，可以自动更新题注的编号。

（1）选中"1.3　本文的主要研究工作"中的第一个图，选择"引用"→"题注"→"插入题注"，如图 3-5 所示。

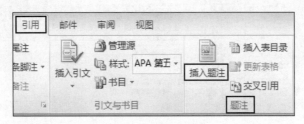

图 3-5　插入题注操作

（2）打开"题注"对话框，"题注"编辑栏中默认为 Figure 1，由标签加编号组合而成。默认的"标签"编辑栏中并没有"图"的标签，需新建标签，如图 3-6 所示。

图 3-6　"题注"对话框

（3）单击"编号"按钮，在"题注编号"对话框中勾选"包含章节号"复选框进行自动编号，只能按章节建立各章节图的标签。单击"新建标签"按钮，在"标签"编辑栏中输入"图 1-"作为标签，如图 3-7 所示。

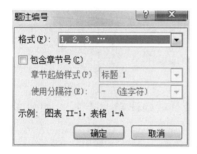

图 3-7　新建标签

（4）单击"确定"按钮回到"题注"对话框，"题注"编辑栏已经显示"图 1-1"。在"位置"下拉列表中选择"所选项目下方"（表格选择"所选项目上方"），再单击"确定"按钮，这幅图片的题注就插在了图的下方，在图的编号后输入图的文字说明，并设置字体为宋体，字号为小五，居中对齐。

（5）当需要对第二个图添加题注时，只需要选中该图，单击"引用"→"题注"→"插入题注"，在"标签"下拉列表中选择对应的标签"图 1-"（当章节改变时要注意新建标签），最后的编号会自动增加，单击"确定"按钮后图的题注会自动插在图的下一行，接着插入说明文字、设置字体格式即可。

（6）用上述的方法为文档所有的图片和表格添加题注。

4．制作封面

（1）自定义封面设置。"论文"两字字号为小初、黑体、加粗、居中，段前 3 行，段后 10 行。封面其他内容为三号宋体居中。"研究生姓名"加宽 1.5 磅，如图 3-8 所示。

（2）插入封面设置。除了自定义封面，Word 还提供了插入封面，像文书的外皮，它能起到美化文书和保护文书的作用。创建封面有以下两种方法。

方法一：使用 Word 的内置封面样式为文档添加一个封面，并在相应位置输入标题和作者等信息，Word 的封面插入只能使用内置样式或者是在 Office 官网下载。

方法二：加入自定义封面。

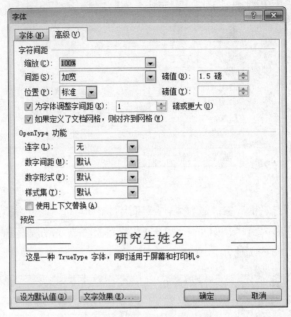

图 3-8　自定义封面操作

操作步骤如下：

1）单击"插入"→"页"→"封面"，在下拉列表中选择"透视"，如图 3-9 所示。

图 3-9　插入封面操作

2）插入封面后，在"标题"位置输入文档标题，在"副标题"位置输入作者姓名。

3）单击"插入"→"页"→"封面"，在下拉列表中选择"将所选内容保存到封面库"，弹出"新建构建基块"对话框，如图 3-10 所示。

图 3-10   加入自定义封面操作

5. 创建文档目录

当整篇文档的格式、章节号、标题格式和题注等全部设置完成后，就可以生成目录了。此时生成目录就会变得很简单，因为目录的内容是 Word 自动从文档中抽取出那些带有级别标题的段落来组成的。

（1）把光标定位到需要插入目录的位置，本文档为"第一章 绪论"标题前。单击"引用"→"目录"，在下拉列表中有默认的"手动目录""自动目录 1"和"自动目录 2"。手动目录需要自行编辑目录的标题和页码，自动目录是按照一定的格式抽取标题样式生成的。这里为了能突显个性化设置，选择"插入目录"，如图 3-11 所示。

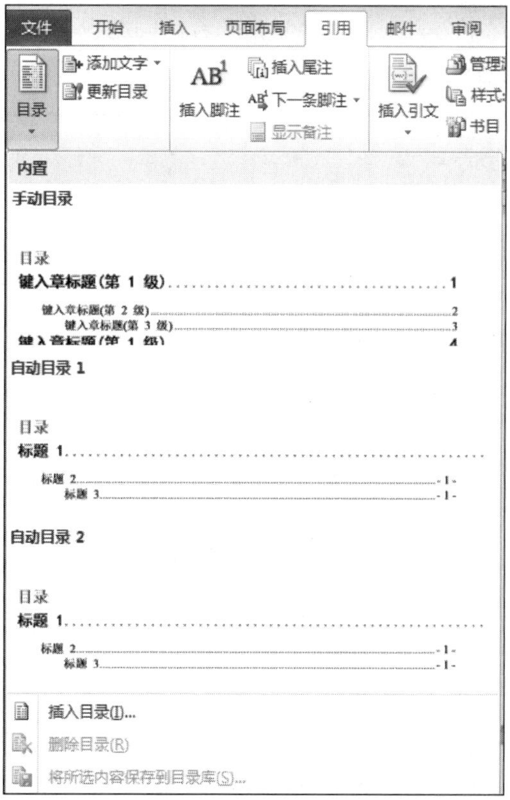

图 3-11   插入目录操作

（2）在弹出的“目录”对话框中，在“目录”选项卡的“打印预览”区域可以预览目录的效果。勾选“显示页码”“页码右对齐”复选框，或选择“制表符前导符”下拉列表中的选项可以设置目录的样式，如图 3-12 所示。设置好后单击“确定”按钮，即可自动生成目录。

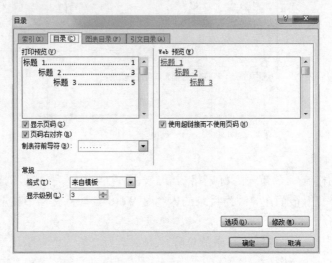

图 3-12　“目录”对话框

由于“摘要”和“Abstract”应用了“标题 1”样式，所以也出现在目录中，按文档的编排“摘要”和“Abstract”是不出现在目录中的，因此选择将它们删除，然后在目录的上方居中位置输入“目录”，设置字体为宋体，字号为三号，同时也可以选中目录中的文字设置文字和段落格式，让目录更美观，如图 3-13 所示。

目　　录
第一章　绪　论 1
1.1　技术背景 1
1.1.1　什么是 SOA 1
1.1.2　SOA 的发展现状 1
1.1.3　构件技术 1
1.1.4　构件的技术发展现状 2
1.2 研究的意义 2
1.3　本文的主要研究工作 3
第二章　基础理论与关键技术的研究 4
2.1　面向服务架构技术的研究 4
2.1.1　面向服务架构的定义 4
2.1.2　面向服务架构的组成 4
2.1.3　面向服务架构的特性　、 5
2.1.4　面向服务架构的优势 5
2.1.5　面向服务的体系结构 6
2.2　构件技术的理论基础与关键技术 6
2.2.1　构件的定义 6
2.2.2　构件的组成 6
2.2.3　构件的基本特征 7
2.2.4　构件的分类 7
2.2.5　构件技术的优势 7
2.2.6　构件的开发特点 8
2.3　富互联网的可视化技术的研究 8
2.3.1　RIA 定义 8
2.3.2　RIA 特点 9
2.3.3　RIA 发展现状 9
2.3.4　AJAX 定义 10
2.3.6　AJAX 的相关技术 11
第三章　基于SOA的可视化构件的架构设计 12

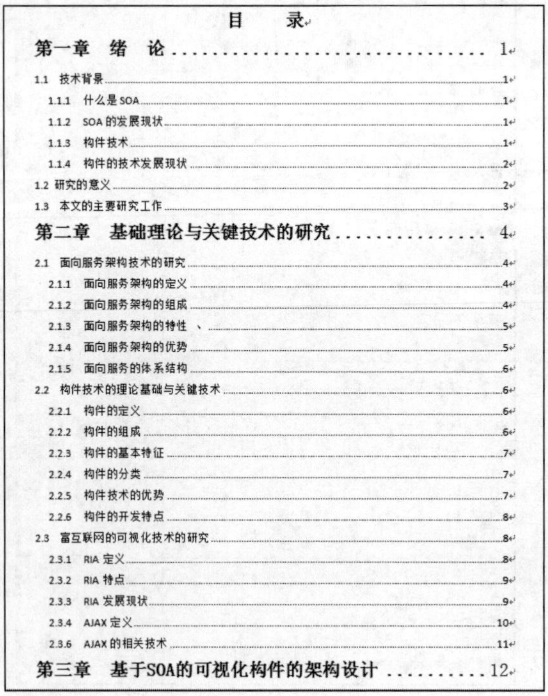

图 3-13　生成目录效果图

此外，目录还具备更新功能，当文档的章节改动导致页码与目录不一致的时候，可以在目录上右击引用文字，在右键菜单中选择"更新域"，弹出"更新目录"对话框。如果只是页码改动，只需选择"只更新页码"，然后单击"确定"按钮即可，如果章节内容有增减则选择"更新整个目录"，如图 3-14 所示。

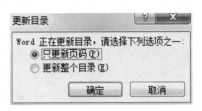

图 3-14　更新目录

6. 创建图、表目录

在文档目录的下方再插入一个图、表目录。

（1）将光标定位在需要创建图、表目录的位置。

（2）单击"引用"→"题注"→"插入表目录"，打开"图表目录"对话框。

（3）在"题注标签"下拉列表框中选择要创建索引的内容对应的题注"图 1-"，如图 3-15 所示。

图 3-15　图表目录

（4）单击"确定"按钮即可完成图表目录的创建，生成图目录，然后在目录的上方居中位置输入"图目录"，设置字体为宋体，字号为三号，同时也可以选中目录中的文字设置文字和段落格式，让目录更美观，如图 3-16 所示。

（5）重复一次插入图目录的操作，在"题注标签"下拉列表框中选择要创建索引的内容对应的题注"表 1-"，将表目录插入到文档。

（6）图、表目录同样具备文档目录的更新功能，当文档的章节改动导致页码与目录不一致的时候，使用"更新域"功能即可。

图 3-16   图、表目录效果图

7. 插入分节符

节是一段连续的文档块，同节的页面拥有同样的边距、纸型或方向、打印机纸张来源、页面边框、垂直对齐方式、页眉页脚、分栏、页码编排、行号等。如果没有插入分节符，Word 文档默认一个文档只有一节，所有页面都属于这个节。所以，分节为页眉页脚的基础，有关页眉页脚的要求一般都要先通过分节才能实现，如奇偶页不同等。

本文档分为 11 个部分，需要插入 10 个分节符，封面为第 1 节，摘要为第 2 节，目录为第 3 节，正文分为 5 部分，各占一节，结束语为第 9 节，致谢为第 10 节，参考文献为第 11 节。

（1）为了在插入分节符的时候能明确位置和看到提示文字，先设置标记高亮显示，单击"开始"→"段落"组中的"显示/隐藏编辑标记"按钮 ↲。

（2）将光标定位在封面结尾处，单击"页面布局"→"分隔符"，在下拉列表中选择"分节符"→"下一页"，如图 3-17 所示。

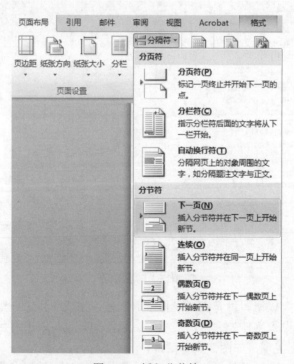

图 3-17   插入分节符

（3）切换到"摘要"结尾处，重复插入分节符的操作，可以看到在结尾处出现"分节符（下一页）"的标记，如图 3-18 所示，表示分节符插入成功，依次为每个部分插入分节符。如果插入分节符导致下一页多出一个无用的空行，删除该行即可。

paper gives a sample of implementation using SOA-based visualized architecture.

Key Words: SOA; Component; Visible Component; RIA;ﾠﾠﾠﾠﾠﾠﾠﾠﾠﾠﾠﾠﾠﾠﾠﾠﾠﾠ分节符(下一页)ﾠﾠﾠﾠ

图 3-18 "分节符（下一页）"标记

注意：有的图片或表格可能太大，无法在纵向版面中放下，需要将该图片或表格所在的页面临时切换成横向版面，此时可以使用分节的方式解决纵向版面与横向版面混排的问题。操作过程如下：①在该页面前后各插入一个分节符；②在"页面设置"组中设置该页版面为横向。

8. 设置页眉和页脚

（1）页眉设置。按照文档的格式设置要求，封面、摘要以及目录不需要设置页眉，文档正文部分按如下设置：奇数页设置为"当前节标题 1 内容"，偶数页设置为"长春工业大学硕士论文"，字体设置为宋体、五号、居中对齐。

操作步骤如下：

1）单击"页面布局"→"页面设置"组的对话框启动器 ，在打开的"页面设置"对话框中选择"版式"选项卡，在"页眉和页脚"区域中勾选"奇偶页不同"复选框，在"预览"区域的"应用于"下拉列表中选择"整篇文档"，如图 3-19 所示。设置完成后，每节论文的奇偶页页眉可以设置不同的显示，如果在页面设置中已经调整，则可以省略。

图 3-19 设置奇偶页不同

2）在"摘要"节，选择"插入"→"页眉"→"编辑页眉"，进入页眉的编辑状态，如图 3-20 所示。

3）单击"页眉和页脚工具/设计"→"导航"组中的"链接到前一条页眉"，使其成为不可用状态。用同样的方法，将所有节的"链接到前一条页眉"都设置成不可用状态。

4）再回到每一节首页的页眉编辑区，在奇数页输入"当前节标题 1 内容"，在偶数页输入"长春工业大学硕士论文"，并设置字体为宋体、五号、居中对齐。

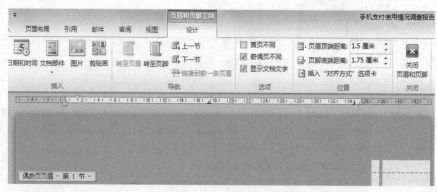

图 3-20   页眉编辑状态

注意：进行奇偶页不同设置时将页眉之间的链接去掉的原因是，页眉页脚之间存在着上下链接的关系，如果直接插入页眉并不能达到奇偶页不同页眉的效果，所以在插入页眉前必须先设置。

（2）页脚设置。按文档页脚的格式要求，封面、摘要不能出现页码，目录的页脚居中设置页码，页码格式为连续的大写罗马数字；章节以后的部分，页脚居中设置页码，页码格式为连续的阿拉伯数字，字体均为 Times New Roman、小五。

操作步骤如下：

1）单击"插入"→"页眉和页脚"→"页脚"，在下拉列表中选择"编辑页脚"进入到"页脚"的编辑状态，将光标定位到目录页的页脚，在"页眉和页脚工具/设计"选项卡下单击"链接到前一条页眉"，使其成为不可用状态。

2）将光标定位到章节的第一页的页脚，单击"页眉和页脚工具/设计"→"导航"组中的"链接到前一条页眉"，使其成为不可用状态，章节后续页因要连续编辑页码所以不用再做这个操作。

3）返回目录页第一页的页脚，选择"页眉和页脚工具/设计"→"页码"→"页面底端"→"普通数字2"，选择"设置页码格式"，打开"页码格式"对话框，由于目录的页码要求使用罗马数字，所以在"编号格式"下拉列表中选择罗马数字"Ⅰ，Ⅱ，Ⅲ…"。由于目录页码是从Ⅰ开始的，所以在"页码编号"栏中"起始页码"的微调框中选择Ⅰ，单击"确定"按钮关闭对话框，如图 3-21 所示。

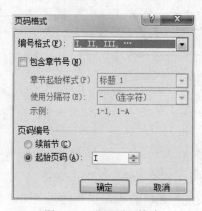

图 3-21   设置页码格式

4）由于此前设置了奇偶页不同，所以在目录第二页页脚要重复一次插入页码的操作，并设置字体。

5）为了使章节第一页页码从 1 开始编页递增，将光标定位到论文第一章第一页的页脚，选择"页码"→"页面底端"→"普通数字 2"，插入页码，这时 1 应该插入到页脚中。选中页码，单击"开始"选项卡，设置字体为 Times New Roman、小五、居中。

6）选择"页眉和页脚工具/设计"→"页码"→"设置页码格式"，打开"页码格式"对话框，在"编号格式"下拉列表中选择阿拉伯数字"1，2，3…"。由于目录页码是从 1 开始的，所以在"页码编号"栏中"起始页码"的微调框中选择 1，单击"确定"按钮关闭对话框。

7）将光标定位到章节第二页的页脚，单击"页码"→"页面底端"→"普通数字 2"，在该页页脚插入页码 2，选中页码，单击"开始"选项卡，设置字体为 Times New Roman、小五、居中。

3.3　案例小结

本节学习了长文档编辑排版，对 Word 的样式设置和样式使用、节的插入、页眉页脚的设置、题注的插入、目录的插入等操作有了深入的了解和熟练的掌握。在长文档的排版过程中应注意如下事项：

（1）开始排版时，要先设置好样式，一般设置的样式主要是四种，即正文、标题 1、标题 2、标题 3。

（2）正文的图、表无缩进居中，图、表的标题居中，其他样式自定义；图的图号和图名位于图的下方，表的表号和表名位于表的上方。

（3）将封面、摘要、目录和正文的各部分各分为独立的一节。

（4）自动抽取文档目录，一般生成三级目录。

（5）长文档可分为单面和双面打印格式来排版，根据打印格式调整奇偶页不同，每一节的页眉页脚断开链接，封面、摘要、目录没有页眉，封面、摘要不显示页码。

（6）检查分节后的页眉、页脚、页码设置是否正确，目录是否要更新。

3.4　拓展训练

参照案例 3 对文本文件"素材\长文档排版.docx"进行排版，排版的格式要求如下所述。

1．论文页面设置

（1）设置纸张大小为 A4。

（2）设置页边距为上下各 2.5 厘米。

2．封面格式设置

（1）设置"长春工业大学学位论文"的格式：黑体、二号、加粗，字符间距为加宽 8 磅，居中，段前间距 12 行，段后间距 6 行。

（2）设置论文题目的格式：三号、加粗、居中。

3．中文摘要格式化

（1）摘要标题：三号、加粗、居中，行距为固定值 20 磅。

（2）"摘要"二字：小三、加粗、居中，段前和段后间距均为 0.5 行。

（3）摘要正文：小四，首行缩进 2 字符。

（4）摘要关键词："关键词"三个字的格式为四号、加粗。

4．论文内容格式化

（1）论文正文（包含结论部分）：小四，首行缩进 2 个字符。

（2）论文一级标题（必须使用样式进行设置）：宋体（中文字体）、Arial（英文字体）、小三、加粗，段前段后间距均为 1 行，首行无缩进，行距为固定值 20 磅，大纲级别 1 级。

（3）论文二级标题（必须使用样式进行设置）：宋体（中文字体）、Arial（英文字体）、四号、加粗，段前段后间距均为 0.5 行，首行缩进 1 个字符，行距为固定值 20 磅，大纲级别 2 级。

（4）论文三级标题（必须使用样式进行设置）：宋体（中文字体）、Arial（英文字体）、小四、加粗，段前段后间距均为 0 行，首行缩进 2 个字符，行距为固定值 20 磅，大纲级别 3 级。

（5）结论标题：四号、加粗、居中，段前段后间距均为 1 行，首行无缩进，大纲级别 1 级。

5．论文分节处理

（1）封面为一节。

（2）中文摘要为一节。

（3）目录为一节。

（4）论文正文为一节。

6．设置页眉和页脚

（1）封面、中文摘要和目录无页眉页脚。

（2）论文正文页眉：奇数页的页眉内容为"长春工业大学本科毕业论文"，偶数页的页眉内容为论文题目"古汉字与现代汉字结构的比较"，页眉字体格式为宋体、小五。

（3）论文正文页脚：在页脚中插入页码，页码编号从 1 开始，格式为"第×页"（例如"第 1 页"），奇数页的页脚左对齐，偶数页的页脚右对齐。

7．目录生成及目录格式化

在中文摘要和正文之间插入目录，目录样式为"自动目录 1"或"自动目录 2"。

案例4 复杂表格制作

知识点：

- 掌握斜线表头的绘制。
- 掌握表格标题跨页设置。
- 掌握利用公式或函数进行计算和排序。
- 掌握复杂表格的制作。

4.1 案例简介

表格，又称为表，既是一种可视化交流模式，又是一种组织整理数据的手段。人们在通信交流、科学研究以及数据分析活动当中广泛使用着各式各样的表格。各种表格常常会出现在印刷介质、手写记录、计算机软件、建筑装饰、交通标志等许许多多的地方。根据上下文的不同，用来确切描述表格的惯例和术语也会有所变化。此外，在种类、结构、灵活性、标注法、表达方法以及使用方面，不同的表格之间也各有不同。

表格由若干行和若干列组成。行列的交叉处称为单元格，单元格中可以插入文字、数字、日期和图形等信息数据。本节将通过三个案例中对复杂表格的制作来讲解如何在 Word 中创建表格、合并和拆分单元格、调整单元格行高和列宽及美化表格的方法。

案例一：制作一个产品销售表，讲述斜线表头的绘制方法和表格标题跨页设置的方法，销售表的样式如图 4-1 所示。

姿名 ＼ 季度	一季度	二季度	三季度	四季度
李明	5641	7213	4364	7412
何亮	3648	4721	3564	4788
赵思	6458	6317	6012	6470
唐丽	4563	4852	5217	6781

销售额 ＼ 季度 姓名	一季度	二季度	三季度	四季度
李明	5641	7213	4364	7412
何亮	3648	4721	3564	4788
赵思	6458	6317	6012	6470
唐丽	4563	4852	5217	6781

图 4-1 带斜线表头的产品销售表

案例二：使用案例一统计出的产品销售表，讲述利用公式和函数进行求和、求平均值的计算，并根据姓名进行排序，如图 4-2 所示。

销售额　季度　姓名	一季度	二季度	三季度	四季度	总计	平均值
李明	5641	7213	4364	7412		
何亮	3648	4721	3564	4788		
赵思	6458	6317	6012	6470		
唐丽	4563	4852	5217	6781		

图 4-2　产品销售表的计算和排序

案例三：制作复杂表格《〈××市居住证〉申请表》，样表如图 4-3 所示。

《上海市居住证》申请表

姓　名		民族		籍贯			照片
政治面貌	○中共党员 ○团员 ○民主党派 ○其他		身高		CM	血型	
文化程度	○研究生 ○本科 ○大专（高等职校）○高中（中专、职校、技校）○初中 ○小学 ○文盲或半文盲				是否在读	○是 ○否	
公民身份号码							
户籍所在地址	省（直辖市、自治区）　　市（县、区）详址_____						
居住事由	○务工 ○经商 ○务农 ○服务 ○因公出差 ○借读培训 ○治病疗养 ○投靠亲友 ○保姆 ○探亲访友 ○旅游观光 ○其他				入住日期	年 月 日	
在沪居住地址	区/县　　街/镇　　路				房屋编码		
详址	弄　　号　　室						
就业信息	○就业 ○投资、开业	职业		行业类别	○党政机关 ○农林牧渔 ○制造加工 ○商业 ○教科文卫体 ○公用事业 ○交通运输 ○信息通讯 ○财税金融 ○建筑 ○石油化工 ○生物医药 ○电力 ○餐饮 ○娱乐业 ○车辆维修 ○废旧收购 ○私营企业 ○家政服务 ○其他		
	工作单位名称						
	单位地址						
被投靠人信息	与投靠人关系			姓名			
	公民身份号码						
就读、进修信息	学校名称			入学时间			
	学校地址			预计结业时间			
联系方式	固定电话		手机		电子邮件		
同住人信息	关系	姓名		证件号码			
备注							

申请人签名：　　　　　　　　填表时间：　　　年　月　日

图 4-3　《〈××市居住证〉申请表》样表

4.2　案例制作

4.2.1　操作要求

1．制作一个产品销售表，讲述斜线表头绘制的方法和表格标题跨页设置。

2．利用公式和函数进行求和、求平均值的计算，并根据姓名进行排序。

3．制作复杂表格。

4.2.2　操作步骤

1．创建表格

根据案例一的表格样式，通过 Word 2010 软件创建一个 5 行 5 列的表格。

创建表格有下述两种方法。

方法一：单击"插入"→"表格"，在下拉列表中选择 5×5 表格，如图 4-4 所示。

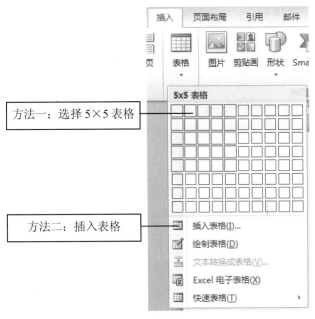

图 4-4　插入表格方法一

方法二：单击"插入"→"表格"，在下拉列表中选择"插入表格"，如图 4-4 所示，打开"插入表格"对话框。在"表格尺寸"区域中的"列数"和"行数"微调框中分别输入 5，如图 4-5 所示。单击"确定"按钮即创建出一个 5 行 5 列的简单表格。

2．绘制斜线表头

表格的标题行也叫表头，通常是表格的第一行，用于对一些数据的性质归类。请在表格第一行的第一个单元格绘制斜线表头。

（1）将光标置于表格第一行的第一个单元格，在菜单栏出现"表格工具"的"设计"和"布局"选项卡。

图 4-5　插入表格方法二

　　（2）为了有足够的单元格区域绘制斜线表头，要调整表格的行高和列宽，快捷地调整表格列宽和行高的方法是将光标移动到需要调整列宽和行高的单元格边线上，光标变成 ⇕ 形状时可以调整单元格的行高，光标变成 ⇔ 形状时可以调整单元格的列宽，接着调整第一个单元格的行高和列宽。

　　（3）将光标置于第一个单元格，选择"表格工具"→"设计"→"边框"→"斜下框线"，则会在该单元格中绘制一根斜下框线，如图 4-6 选择所示。

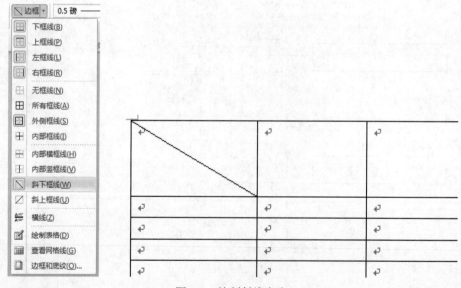

图 4-6　绘制斜线表头

　　（4）通过空格和换行将表头的文字录入到表格，同时录入其他相应的数据而完成两栏斜线表头的表格创建。

　　（5）重复上述操作再建立一个 5 行 5 列的表格，用于绘制三栏斜线表头。

　　（6）当单元格内需要录入三栏内容时，需利用"直线"和"文本框"的图形化排版方式完成三栏斜线表头的绘制，先绘制两根斜线，再插入"文本框"，录入表头内容后调整"文本框"的大小，并把"文本框"的"形状填充"和"形状轮廓"去掉，移动到适当位置完成三栏斜线表头的绘制，如图 4-7 所示。

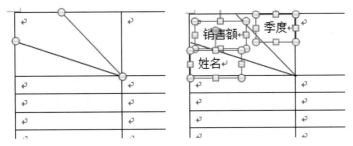

图 4-7　三栏斜线表头绘制

3. 表格标题跨页显示设置

当制作的行数很多时表格会跨页显示，跨页后表格的标题只会在第一页显示，这不方便查看表格，常常得回到上一页查看该列数据的说明，在 Word 中可以用标题跨页显示来解决该问题。

选中表格的标题行，单击"表格工具"→"布局"→"数据"→"重复标题行"来设置跨页表格标题行重复显示，如图 4-8 所示。

图 4-8　设置跨页表格标题行重复显示

注意：如果经过上述操作之后，还是没显示相应的表格效果，那么可能的原因有两种。一种是因为表格并没有跨页。只有表格的内容在至少两页上显示的时候，标题行重复显示的效果才会出来；另一种是表格已经跨页显示，但效果没有出现，其实标题行已经重复，只是没显示出来，只要单击"表格工具"→"布局"→"表"→"属性"，在"表格属性"对话框中选择"表格"选项卡，在"文字环绕"区域下选择"无"即可，如图 4-9 所示。

图 4-9　表格跨页不显示标题行的解决方法

4. 利用公式或函数进行计算和排序

复制案例一的表格到新表，在新表的右侧增加两列，并完成求和及求平均值的计算，计算完成后按姓名排序，完成案例二表格。

（1）在表格右侧新增两列。

1）将光标置于第一行的最后一个单元格（内容为"四季度"）并右击，在右键菜单中选择"插入"→"在右侧插入列"，如图4-10所示。

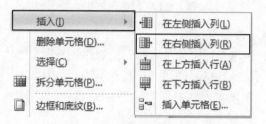

图4-10　在单元格右侧插入列

2）插入新列后，再在新列处重复一次插入新列操作即可完成表格新增两列，并在表头录入相应内容。

（2）计算总计。

1）将光标置于"总计"下方的第一个单元格，单击"表格工具"→"布局"→"公式"，弹出"公式"对话框，如图4-11所示。

图4-11　"公式"对话框

"公式"文本框用于输入计算单元格的函数或者公式，默认会根据表格中的数据和当前单元格所在位置自动推荐一个公式，例如=SUM(LEFT)，是指计算当前单元格左侧单元格的数据之和。SUM 是函数名，通过"粘贴函数"功能粘贴到"公式"文本框，LEFT 是函数的参数。常用的参数有 4 种，分别是左侧（LEFT）、右侧（RIGHT）、上面（ABOVE）和下面（BELOW），此外还可以用单元格地址代替。

注意： Word 的表格与 Excel 的表格有相似的地方，在表格中可以插入常用函数或者公式对数据进行简单计算。在计算前首先要了解 Word 表格的单元格结构。Word 表格的单元格结构与 Excel 是类似的，每一行、每一列都有一个序号，行从 1 开始编号，列从 A 开始编号。所以第一个单元格地址为 A1，具体结构如图4-12所示。

	A	B	C	D
1	A1	B1	C1	D1
2	A2	B2	C2	D2
3	A3	B3	C3	D3
4	A4	B4	C4	D4

图 4-12　Word 表格的单元格地址

"编号格式"是对用公式计算出的结果设定一个数据格式，例如 0.00 为保留两位小数。

在"粘贴函数"下拉列表中选择常用函数粘贴到"公式"文本框，常用的函数有 AVERAGE（平均值）、SUM（求和）、COUNT（计数）、MAX（最大值）、MIN（最小值）。

2）因为此次计算的是四个季度的总计，所以使用 SUM（求和）函数。因为四个季度的数据都在求和单元格的左侧，因此参数输入 LEFT。完成公式的编辑后单击"确定"按钮，即可得到计算结果，利用相同的方法计算其他的销售总计。

（3）计算平均值。

1）计算平均值和计算总计的方法类似。将光标置于用于计算平均值的单元格中（"平均值"下方的第一个单元格），单击"表格工具"→"布局"→"公式"，弹出"公式"对话框。

2）将 Word 自动填入的 SUM(LEFT)删除掉，在"粘贴函数"下拉列表中选择 AVERAGE，这时参数不能使用 LEFT，因为计算平均值的左侧单元格包含了总计，如果使用 LEFT 作为参数会把总计也包含进来一起平均，计算结果是错误的，所以计算平均值的参数必须使用单元格地址，应在"公式"文本框中输入=AVERAGE(B2:E2)，(B2:E2)表示对 B2、C2、D2、E2 求平均值。

3）"编号格式"选 0.00，计算结果保留两位小数，如图 4-13 所示。

图 4-13　计算平均值

注意：不管使用 SUM 还是 AVERAGE，都是使用函数的方式计算。上述两种方法也可以用公式（单元格的加、减、乘、除运算）代替，例如总计可以写成=B2+C2+D2+E2，平均值可以写成=(B2+C2+D2+E2)/4。

（4）按姓名排序。

1）将光标置于表中任意位置，单击"表格工具"→"布局"→"排序"，弹出"排序"对话框。

2）如果表格的第一行是标题行，则不需要参与排序，需要选中"列表"区中的"有标题行"单选按钮，再在"主要关键字"的下拉列表中选择参与排序的"姓名"列，在"类型"下拉列表中选择相应排序内容的类型，对于中文字符有"笔划"和"拼音"排序两种，根据需要选择，然后再选择排序方式为"升序"或者"降序"，单击"确定"按钮完成操作，如图 4-14所示。

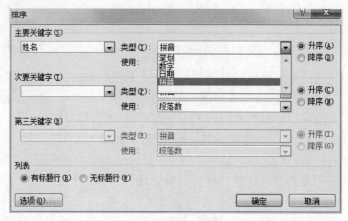

图 4-14　按姓名排序

5. 复杂表格的制作

复杂表格主要用于信息统计、财务统计、申请表等专业表格的制作，这些表格往往行列交错、不对称且复杂，但只要掌握制作的技巧，制作起来也是很快捷的。

（1）复杂表格的制作通常采用自上而下的方式来实现，选取在表格中出现列数是表格中大多数行中的列数来确定绘制起始表格的列数，行数根据表格的行数确定，以《〈××市居住证〉申请表》为例，列数为 4，行数为 21。

（2）粗略的表格绘制好后，开始一行一行地精修表格，以前三行为例，先调整行高，如图 4-15 所示。

图 4-15　调整行高

（3）合并最后一列单元格，并调整列宽，如图 4-16 所示。

图 4-16　合并单元格并调整列宽

（4）第一行的单元格共有 7 个，所以对前三个单元格进行拆分，将光标置于第一个单元格并右击选择"拆分单元格",在弹出的"拆分单元格"对话框的"列数"微调框中输入 2,在"行数"微调框中输入 1,单击"确定"完成单元格的拆分,如图 4-17 所示,依次对后两个单元格进行拆分,完成后输入表格文字,并调整字体为黑体,字号五号,单元格对齐方式为水平居中。

图 4-17　拆分单元格

（5）第二行的单元格也是 7 个,按上述方法拆分前三个单元格,输入文字,调整字体、字号和对齐方式,如图 4-18 所示。

姓　名		民族		籍贯		
政治面貌	○中共党员　○团员○民主党派　○其他	身高	CM	血型		

图 4-18　前两行表格的绘制

（6）根据表格的布局调整第二行单元格的列宽,保证内容能正常显示,但是在调整列宽的过程中我们会发现,在调整第二行单元格列宽的同时第一行单元格的列宽也在改变,这是由于两行列之间的分隔线是对齐的原因,所以不管是调整哪一行的列宽,两行的列宽都会相应调整,所以在调整列宽时必须要按住鼠标左键拖动选定所要调整列宽的两个单元格,选定后再调整两个单元格之间的分隔线,这时就只有这两个单元格的列宽改动,而不会影响其他行了,如图 4-19 所示。

姓　名		民族		籍贯		
政治面貌	○中共党员　○团员○民主党派　○其他	身高	CM	血型		

单独调整两个单元格

图 4-19　单独调整列宽

（7）根据上述合并单元格、拆分单元格、调整单元格列宽的方法绘制表格的其他行。

（8）绘制好表格后,需要改变表格的外框线为上粗下细,按住鼠标左键拖动选定表格的所有单元格,单击"表格工具"→"设计"→"边框",在下拉列表中选择"边框和底纹"。

（9）打开"边框和底纹"对话框,在"设置"区域选择"自定义",在"样式"区域选择上粗下细的框线,在"预览"区域单击预览表格图示的外边框以修改表格的外框线,如图4-20 所示,设置好后单击"确定"按钮即可完成表格的编辑。

图 4-20　修改外框线

4.3　案例小结

本节主要通过三个案例讲解了复杂表格的制作，要求读者掌握创建表格、绘制斜线表头、表格标题行跨页设置、利用公式或函数进行计算、合并和拆分单元格、调整改变行高和列宽的方法。读者在学习时，应多观察实际生活中各种各样的表格，结合实际需要设计出具有自己特色的表格。

4.4　拓展训练

新建"拓展训练.docx"文档，设置页边距上、下皆为 2.5 厘米，左、右皆为 1 厘米，并完成如下操作。

（1）请按下图样表制作一个带斜线表头的表格，并对相关数据进行统计计算，如图 4-21 所示。

提示： 增长率=2014 年数据÷2013 年数据*100%。

费用 时间 项目 区域 内容		2013 年		2014 年		增长率	
		整机	配件	整机	配件	整机	配件
北部	生产费用	1245	457	2457	547		
	管理费用	410	101	521	201		
	销售费用	2354	1023	3471	2414		
	总计费用						
南部	生产费用	2574	874	3101	897		
	管理费用	745	642	842	541		
	销售费用	4564	3201	4564	3101		
	总计费用						
南北部费用合计							
南北部费用平均值							

图 4-21　样表一

（2）请另起一页，按下图样表制作一个复杂表格，标题字体为黑体二号字，表格内字体为宋体小四号字，如图 4-22 所示。

××市公共租赁住房申请表

<table>
<tr><td rowspan="11">申请人基本情况</td><td>姓 名</td><td></td><td>性 别</td><td></td><td>身份证号码</td><td colspan="2"></td></tr>
<tr><td>工作单位</td><td></td><td colspan="2">单位地址</td><td colspan="3"></td></tr>
<tr><td>工作现状</td><td colspan="6">□企业　□个体工商户　□灵活就业　□退休　□机关事业单位</td></tr>
<tr><td>婚姻状况</td><td></td><td colspan="2">联系电话</td><td>户　籍
所在地</td><td colspan="2"></td></tr>
<tr><td>通讯地址</td><td colspan="3"></td><td>邮政编码</td><td colspan="2"></td></tr>
<tr><td>申请人类型</td><td colspan="6">□主城区户籍城镇居民（含已转户的农村居民）　□大中专院校及职校毕业生　□引进人才　□全国、省部级劳模　□全国英模　□荣立二等功以上的复转军人　□其他进城务工人员　□其他外地来主城区工作人员</td></tr>
<tr><td>社会保险
缴纳情况</td><td colspan="6">养老　□是（缴纳时间_____年___月至今）　　□否
医疗　□是（缴纳时间_____年___月至今）　　□否</td></tr>
<tr><td>住房公积金
缴纳情况</td><td colspan="6">□是（缴纳时间_____年___月至今）　　　　□否</td></tr>
<tr><td>月收入</td><td colspan="6">工薪收入_____元,财产性收入_____元,共计_____元</td></tr>
<tr><td>家庭月收入</td><td colspan="6">工薪收入_____元,财产性收入_____元,共计_____元</td></tr>
<tr><td rowspan="4">申请人住房情况</td><td>是否在主城区有私有产权房</td><td colspan="6">□是（房屋坐落_____,
建筑面积____m², 户籍人数___人, 人均建筑面积_____m²）　□否</td></tr>
<tr><td>是否在主城区承租公房或廉租房</td><td colspan="6">□是（房屋坐落_____,
建筑面积____m², 户籍人数___人, 人均建筑面积_____m²）　□否</td></tr>
<tr><td colspan="3">申请之日前三年内在主城区是否转让住房</td><td colspan="4">□是　　□否</td></tr>
<tr><td rowspan="3">拟申请房屋情况</td><td>地　点</td><td colspan="2"></td><td>申请居住人数</td><td colspan="2"></td></tr>
<tr><td>申请方式</td><td colspan="5">□家庭　□单身人士　□合租</td></tr>
<tr><td>户　型</td><td colspan="4">□单间配套　□一室一厅　□二室一厅　□三室一厅</td><td>建筑面积
（m²）</td><td></td></tr>
</table>

（a）

图 4-22　样表二

	与申请人关系	姓名	性别	身份证号码	工作单位或就读学校	月收入	住房情况
共同申请人基本情况							□有□无
							□有□无
							□有□无
							□有□无
							□有□无
							□有□无

备注：若住房情况选择"有"，请填写房屋坐落、建筑面积、户籍人数。
　　　房屋坐落_____，建筑面积_____m², 户籍人数_____。

	直系亲属	姓名	身份证号码	主城区拥有住房情况		
				套数	建筑面积（m²）	户籍人数
申请人直系亲属住房情况	申请人父亲					
	申请人母亲					
	申请人配偶父亲					
	申请人配偶母亲					
	子（女）					
	子（女）					
	子（女）					

（b）

图 4-22　样表二（续图）

案例 5　学生成绩表数据分析

知识点：

- 掌握 SUM、AVERAGE、MAX、MIN、LARGE、SMALL 函数的使用。
- 掌握 IF 函数的使用。
- 掌握 RANK、COUNT、COUNTA、COUNTIF、FREQUENCY 函数的使用。

5.1　案例简介

作为老师，在每次考试后，最麻烦的事莫过于统计和分析学生成绩了。利用 Excel 强大的函数功能和各种自动生成功能制作一个学生成绩统计通用模板，可以很好地解决老师们的这一烦恼。

5.2　案例制作

本节以学生成绩表作为案例，统计和分析学生的成绩数据。打开文件"素材\学生成绩表.xlsx"完成如下操作。

5.2.1　操作要求

（1）计算每位学生的总分（使用 SUM 函数）。

（2）计算每位学生的名次（使用 RANK 函数）。

（3）计算每位学生的总评（使用 IF 函数），要求：总分大于等于 500 分的在"总评"列显示"优秀"，否则显示空格。

（4）计算每门课程的平均分（使用 AVERAGE 函数），结果保留一位小数。

（5）计算每门课程的优秀率（90 及 90 分以上成绩所占的比例）和及格率（60 及 60 分以上成绩所占的比例），自定义公式计算（公式中可以使用 COUNTIF 和 COUNTA 两个函数），结果为保留一位小数的百分比样式。

（6）计算每门课程的第一名成绩（使用 MAX 函数）和倒数第一名成绩（使用 MIN 函数）。

（7）计算每门课程的第二名和第三名成绩（使用 LARGE 函数）。

（8）计算每门课程的倒数第二名和倒数第三名成绩（使用 SMALL 函数）。

（9）计算每门课程各分数段的人数（可以使用 FREQUENCY 函数或自定义公式计算）。

5.2.2　操作步骤

（1）计算每位学生的总分使用 SUM 函数。选中 J2 单元格，选择"开始"→"自动求和"→"求和"并按回车键进行计算。下面进行填充，计算每位学生的总分，如图 5-1 所示。

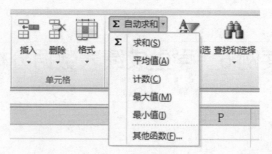

图 5-1 自动求和

（2）计算每位学生的名次使用 RANK 函数。首先计算第一个学生的名次，选中 K2 单元格，单击"公式"→"插入函数"，如图 5-2 所示。

图 5-2 "公式"选项卡

在"搜索函数"文本框中输入 RANK，单击"转到"按钮，选择好后单击"确定"按钮插入，如图 5-3 所示。

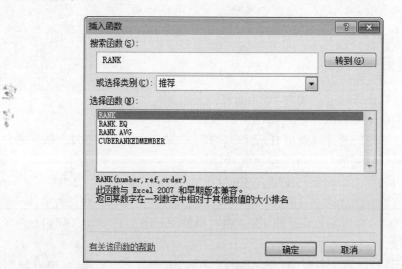

图 5-3 插入 RANK 函数

确定后进入"函数参数"对话框。

单击第一个参数框的折叠按钮，选择第一个学生的总分所在的单元格 J2，关闭折叠窗口。单击第二个参数的折叠按钮，选择所有学生的总分 J2:J45，关闭折叠窗口。在这里为了实现其他学生的排名，在 K 列上进行填充，行号会发生改变，所以函数中的行号也随之改变，为了使得总分始终在所有学生总分中进行排名，在数据排名的区域中使用混合引用，按 F4 进行切换，锁定其行号，单击"函数参数"对话框中的"确定"按钮，如图 5-4 所示。

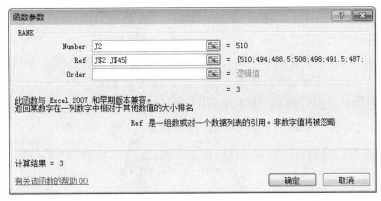

图 5-4　输入函数参数

（3）使用 IF 函数计算每位学生的总评。选中 L2 单元格，单击"公式"→"插入函数"，选择 IF 函数，在第一个参数框中输入 J2>=500，第二个参数框中输入"优秀"，第三个参数框中输入""，单击"确定"按钮，如图 5-5 所示。

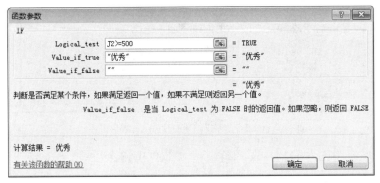

图 5-5　输入函数参数

（4）使用 AVERAGE 函数计算每门课程的平均分。选中 B49 单元格，单击编辑栏旁的插入函数按钮 *fx*，在"插入函数"对话框的"选择函数"列表框中双击 AVERAGE，单击第一参数的折叠按钮，选择计算机基础学科的数据 D2:D45，如图 5-6 所示。

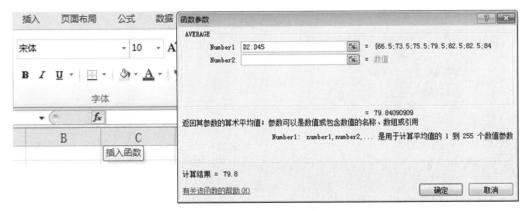

图 5-6　输入函数参数

单击"确定"按钮，填充其他科平均成绩即可。

（5）计算每门课程的优秀率和及格率，可使用 COUNTIF 函数或 COUNTA 函数自定义公式计算。计算优秀率是>=90 的人数除以总人数，首先要求>=90 的人数，选中 B50 单元格，选择"插入函数"→"或选择类别"，在文本框的下拉列表中选择"统计"，在"选择函数"列表框中选择 COUNTIF，单击"确定"按钮，如图 5-7 所示。

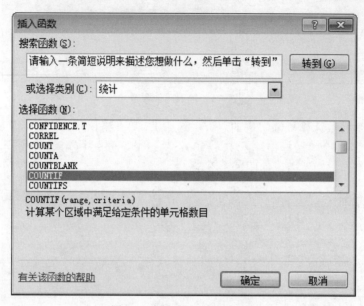

图 5-7　插入 COUNTIF 函数

在第一个参数框中输入 D2:D45，在第二个参数框中输入">=90"，单击"确定"按钮，如图 5-8 所示。

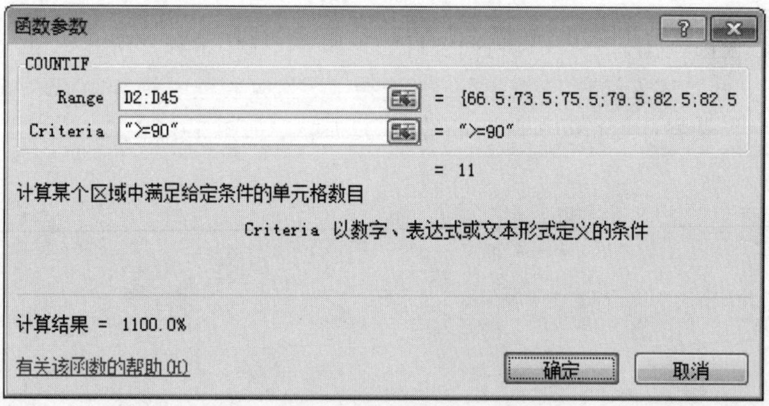

图 5-8　输入函数参数

求优秀率，将光标移动到编辑栏修改公式，输入除号/，输入 COUNTA 函数，选择数据区域 D2:D45 并按回车键结束，如图 5-9 所示。及格率和优秀率求法相同。

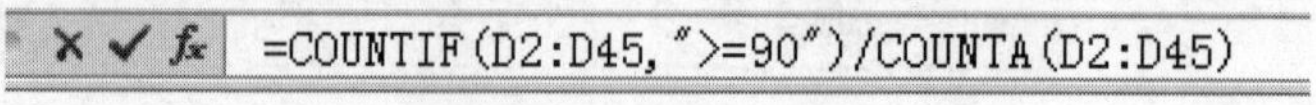

$$\times \checkmark f_x \quad = \text{COUNTIF(D2:D45,">=90")/COUNTA(D2:D45)}$$

图 5-9　输入函数表达式

（6）计算每门课程的第一名成绩使用 MAX 函数。选中 B52 单元格，选择"开始"→"自动求和"→"最大值"选择数据区域 D2:D45 并回车，如图 5-10 所示。

	计算机基础	高等数学	大学英语	普通物理	革命史	体育
平均分	79.8	75.7	77.9	81.2	76.0	76.0
优秀率	25.0%	20.5%	18.2%	38.6%	11.4%	18.2%
及格率	95.5%	95.3%	100.0%	93.0%	95.3%	93.0%
第一名	=MAX(D2:D45)					
第二名	MAX(**number1**, [number2], ...)					
第三名						
倒数第一名						
倒数第二名						
倒数第三名						

图 5-10　求最大值

（7）使用 MIN 函数计算每门课程的倒数第一名成绩。选中 B55 单元格，选择"开始"→"自动求和"→"最小值"选择数据区域 D2:D45 并回车，如图 5-11 所示。

	计算机基础	高等数学	大学英语	普通物理	革命史	体育
平均分	79.8	75.7	77.9	81.2	76.0	76.0
优秀率	25.0%	20.5%	18.2%	38.6%	11.4%	18.2%
及格率	95.5%	95.3%	100.0%	93.0%	95.3%	93.0%
第一名	97.5	99.5	100.0	100.0	99.5	99.0
第二名						
第三名						
倒数第一名	=MIN(D2:D45)					
倒数第二名	MIN(**number1**, [number2], ...)					
倒数第三名						

图 5-11　求最小值

（8）使用 LARGE 函数计算每门课程的第二名和第三名成绩。选中 B53 单元格，在编辑栏输入=LARGE(D2:D45,2)（第一个参数表示选择的数据区域，第二个参数表示排第几名，"2"表示排名第二，两个参数用逗号间隔）并回车，如图 5-12 所示。

COUNTIF	▼	× ✓ fx	=LARGE(			
	A	B	C	D	E	F	G
44	43	刘泽安	男	94.0	68.5	78	60.5
45	44	尹志刚	女	96.5	74.5	63	66
46							
47							
48		计算机基础	高等数学	大学英语	普通物理	革命史	体育
49	平均分	79.8	75.7	77.9	81.2	76.0	76.0
50	优秀率	25.0%	20.5%	18.2%	38.6%	11.4%	18.2%
51	及格率	95.5%	95.3%	100.0%	93.0%	95.3%	93.0%
52	第一名	97.5	99.5	100.0	100.0	99.5	99.0
53	第二名	=LARGE(					
54	第三名	LARGE(**array**, k)					

图 5-12　求第 k 个最大值

第三名可以用公式的填充方法修改，如图 5-13 所示。

f_x　=LARGE(D3:D46,3)

图 5-13　公式填充

（9）使用 SMALL 函数计算每门课程倒数第二名和倒数第三名成绩。选中 B56 单元格，在编辑区输入=SMALL (D2:D45,2)（第一个参数表示选择的数据区域，第二个参数表示倒数第几名，"2"表示排名倒数第二，两个参数用逗号间隔）并回车，如图 5-14 所示。

× ✓ f_x　=SMALL(D2:D45,2)

图 5-14　输入 SMALL 函数

倒数第三名可以用公式的填充方法修改，如图 5-15 所示。

f_x　=SMALL(D3:D46,3)

图 5-15　公式填充

（10）使用 FREQUENCY 函数计算每门课程各分数段人数。数据分为 5 段，需要 4 个分段点（59.9，69.9，79.9，89.9），可以将分段点写在空白区域，也可在函数中输入各分段点。首先选中要计算的区域 C61:C65，选择"公式"→"插入函数"→"或选择类别"，在文本框下拉列表中选择"统计"，在"选择函数"列表框中选择 FREQUENCY，如图 5-16 所示。

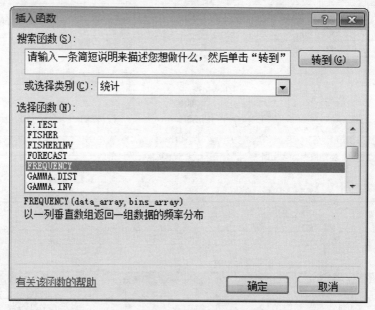

图 5-16　插入 FREQUENCY 函数

第一个参数选择 D2:D45，第二个参数选择 A68:A71，如图 5-17 所示。

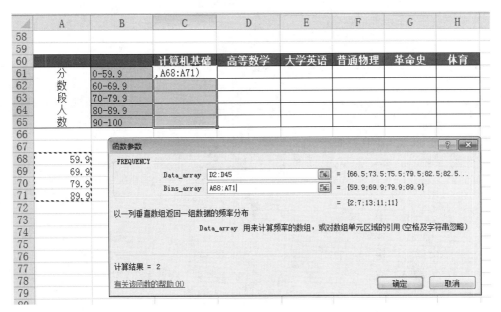

图 5-17　输入函数参数

或手动输入各分段点，如图 5-18 所示。

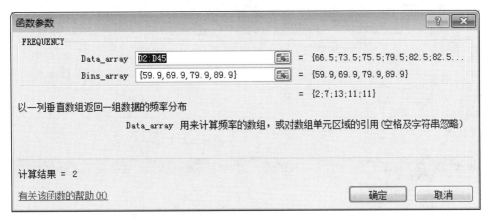

图 5-18　输入函数参数

按 Shift+Ctrl+回车组合键，如图 5-19 所示。

		计算机基础	高等数学	大学英语	普通物理	革命史	体育
分数段人数	0-59.9	2	3	1	4	3	4
	60-69.9	7	11	12	8	11	12
	70-79.9	13	17	11	6	15	11
	80-89.9	11	4	12	9	10	9
	90-100	11	9	8	17	5	8
59.9							
69.9							
79.9							
89.9							

图 5-19　按组合键操作结果

最终效果如图 5-20 所示。

	A	B	C	D	E	F	G	H	I	J	K	L
1	编号	姓名	性别	计算机基础	高等数学	大学英语	普通物理	革命史	体育	总分	名次	总评
2	1	高志毅	男	66.5	92.5	95.5	98	86.5	71	510.0	3	优秀
3	2	戴威	男	73.5	91.5	64.5	93.5	84	87	494.0	10	
4	3	张倩倩	女	75.5	62.5	87	94.5	78	91	488.5	14	
5	4	伊然	女	79.5	98.5	68	100	96	66	508.0	5	优秀
6	5	鲁帆	女	82.5	63.5	90.5	97	65.5	99	498.0	9	
7	6	黄凯东	男	82.5	78	81	96.5	96.5	57	491.5	11	
8	7	侯跃飞	男	84.5	71	99.5	89.5	84.5	58	487.0	15	
9	8	魏晓	男	87.5	63.5	67.5	98.5	78.5	94	489.5	13	
10	9	李巧	男	88.0	82.5	83	75.5	72	90	491.0	12	
11	10	殷豫群	男	92.0	64	97	93	75	93	514.0	2	优秀
12	11	刘会民	男	93.0	71.5	92	96.5	87	61	501.0	7	优秀
13	12	刘玉晓	女	93.5	85.5	77	81	95	78	510.0	3	优秀
14	13	王海强	男	96.0	72.5	100	86	62	87.5	504.0	6	优秀
15	14	周良乐	男	96.5	86.5	90.5	94	99.5	70	537.0	1	优秀
16	15	肖童童	女	97.5	76	72	92.5	84.5	78	500.5	8	优秀
17	16	潘跃	女	56.0	77.5	85	83	74.5	79	455.0	27	
18	17	杜蓉	女	58.5	90	88.5	97	72	65	471.0	21	
19	18	张悦群	女	63.0	99.5	78.5	63.5	79.5	65.5	449.5	29	
20	19	章中承	男	69.0	89.5	92.5	73	58.5	96.5	479.0	16	
21	20	薛利恒	男	72.5	74.5	60.5	87	77	78	449.5	29	
22	21	张月	女	74.0	72.5	67	94	78	90	475.5	19	
23	22	萧潇	女	75.5	72.5	75	92	86	55	456.0	26	
24	23	张志强	男	76.5	70	64	75	87	78	450.5	28	
25	24	章燕	女	77.0	60.5	66.5	84	98	93	479.0	16	

	计算机基础	高等数学	大学英语	普通物理	革命史	体育
平均分	79.8	75.7	77.9	81.2	76.0	76.0
优秀率	25.0%	20.5%	18.2%	38.6%	11.4%	18.2%
及格率	95.5%	95.3%	100.0%	93.0%	95.3%	93.0%
第一名	97.5	99.5	100.0	100.0	99.5	99.0
第二名	97.0	98.5	99.5	100.0	98.0	96.5
第三名	96.5	97.5	97.0	98.5	96.5	94.0
倒数第一名	56.0	55.5	57.0	57.0	57.0	55.0
倒数第二名	58.5	57.5	60.5	57	57	57
倒数第三名	62.5	59.5	61	57.5	58.5	58

		计算机基础	高等数学	大学英语	普通物理	革命史	体育
分	0-59.9	2	3	1	4	3	4
数	60-69.9	7	11	12	8	11	12
段	70-79.9	13	17	11	6	15	11
人	80-89.9	11	4	12	9	10	9
数	90-100	11	9	8	17	5	8

59.9
69.9
79.9
89.9

图 5-20 最终效果

5.3 案例小结

本节主要学习了利用函数计算学生的总分、名次、总评、平均分、优秀率、及格率、第一名成绩、倒数第一名成绩、第二名和第三名成绩、倒数第二名和倒数第三名成绩、每门课程各分数段人数，在实际应用中，大家还应该注意如下事项：

（1）一般使用 IF(Logical_test,Value_if_true,Value_if_false)函数时，第一个参数为条件，不能加引号；第二个参数为条件成立时的结果，如果是显示某个值（文本），则要加引号；第三个参数为条件不成立时的结果，如果是显示某个值（文本），同样要加引号。IF 函数可以嵌套使用，即在第三个参数处可以再写一个 IF 函数，但是最多只能嵌套七层。

（2）在使用 RANK(Number,Ref,[Order])函数时，第二个参数是指将第一个参数的数值放在哪一组数中进行排名，在选择数据区域时要记得加绝对引用，否则在进行公式填充时数据区域发生改变会导致排名错乱的情况。

（3）在使用 COUNTIF (range,criteria)函数时，对区域中满足单个指定条件的单元格进行计数。

（4）在使用 COUNTA(value1,[value2],...) 函数时，计算区域（区域即工作表上的两个或多个单元格，区域中的单元格可以相邻或不相邻）中不为空的单元格的个数。

（5）使用 FREQUENCY(data_array,bins_array)函数时，在选择了了用于显示返回的分布结果的相邻单元格区域后，函数 FREQUENCY 应以数组公式的形式输入。返回的数组中的元素个数比 bins_array 中的元素个数多 1 个。多出来的元素表示最高区间值之上的数值个数。例如，如果要为三个单元格中输入的三个数值区间计数，请务必在四个单元格中输入 FREQUENCY 函数获得计算结果。多出来的单元格将返回 data_array 中第三个区间值以上的数值个数。函数 FREQUENCY 将忽略空白单元格和文本。对于返回结果为数组的公式，必须以数组公式的形式输入。输入结束时按 Shift+Ctrl+回车组合键。

5.4　拓展训练

按下列要求对文件"数据处理操作.xlsx"进行操作并保存，各部分最终的效果请参照文件"样表.xlsx"的相应部分。

在工作表 Sheet1 中进行以下计算：

（1）计算各地游客的五年内总人数（使用 SUM 函数）、五年内平均人数（使用 AVERAGE 函数）、总人数排名（使用 RANK 函数）、是否热门地（使用 IF 函数，五年总人数大于等于 1000000 的在 L 列显示"是"，否则显示"否"）。

（2）计算各年总人数（使用 SUM 函数）、增长率、最大值（使用 MAX 函数）、最小值（使用 MIN 函数）、第二名和第三名（使用 LARGE 函数）、倒数第二名和倒数第三名人数（使用 SMALL 函数）。

增长率 =（当年的总人数–上一年总人数）÷上一年总人数*100%，结果为保留一位小数的百分比样式。

（3）计算各分段人数（可以使用 FREQUENCY 函数或自定义公式计算）。

案例 6　学生成绩表数据处理

知识点：

- 排序。
- 筛选。
- 分类汇总。
- 分级显示。
- 宏。

6.1　案例简介

通过多个数据源区域中的数据对学生成绩进行平均值计算、排序、筛选、分类汇总，可更加轻松地对数据进行定期或不定期的更新和汇总，以及创建宏、录制宏操作。

6.2　案例制作

本节以学生成绩表数据分析作为案例，学习合并计算、排序、筛选、分类汇总和宏功能。打开"素材\学生成绩表.xlsx"完成如下操作。

6.2.1　操作要求

（1）在单元格 A1 中，将工作表"案例"中的区域 B1:H12、工作表"成绩 1"中的所有数据和工作表"成绩 2"中的所有数据使用"合并计算"以计算成绩的平均值，标签位置包含"首行"和"最左列"。

（2）将表中的"姓名"列按笔划从少到多排序；将表中的"体育"列分数按从低到高排序；将表中的"总分"列分数按从高到低排序，当分数相同时，将"高等数学"列分数按从高到低排序。

（3）将表中的"高等数学"成绩在 60～89 分（包含 60 分和 89 分）的数据筛选出来；清除筛选；将表中的"计算机基础"成绩在 60～70 分（包含 60 分和 70 分）或者是女学生的数据筛选出来；将结果显示在区域的左上角单元格为 A50 的区域中。

（4）使用"分类汇总"计算出男生和女生的"大学英语"平均成绩；删除分类汇总。

（5）宏功能的简单应用，录制宏、运行宏。

6.2.2　操作步骤

1．合并计算

将三个工作表内容合并，合并后的工作表放置在工作表的"合并成绩"中（自 A1 单元格开始），且保持最左列仍为姓名名称、A1 单元格中的列标题为"姓名"，对合并后的工作表适当调整行高列宽、字体字号、边框底纹等，使其便于阅读。

合并计算是指通过合并计算的方法来汇总一个或多个数据源区中的数据。Excel 提供两种合并计算数据的方法：一种是通过位置，当数据源区域有相同位置的数据汇总时采用；另一种是通过分类，当数据源区域没有相同的布局时采用。

（1）新建工作表后，将光标定位在 A1 单元格，单击"数据"选项卡，在"数据工具"组中选择"合并计算"，如图 6-1 所示。

图 6-1　选择合并计算菜单

（2）在弹出的"合并计算"对话框中，设置"函数"为"平均值"，在"引用位置"文本框中用鼠标拖选的方式选择第一个区域"案例！$B$1:$H$12"，单击"添加"按钮，再选择第二个区域"成绩 1!$A$1:$G$6"，单击"添加"按钮，再选择第三个区域"成绩 2!$A$1:$G$7"，单击"添加"按钮。数据表的最左列和首行是文字，不能进行合并，要进行标识，本例中在"标签位置"区域勾选"首行"和"最左列"复选框，如图 6-2 所示。

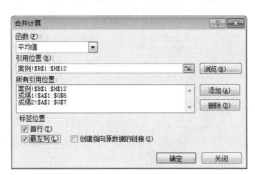

图 6-2　"合并计算"对话框

单击"确定"后，三个表格的数据合并到一个表格中，但由于标签同时选择"首行"和"最左列"，在它们交叉的单元格 A1 的文字没显示出来，只需要手动录入即可，如图 6-3 所示。

	A	B	C	D	E	F	G
1		计算机基础	高等数学	大学英语	普通物理	革命史	体育
2	高志毅	79	89	87	88	92	76
3	戴威	67	88	79	95	86	91
4	张倩倩	78	78	77	84	80	91
5	伊然	80	99	68	100	96	66
6	鲁帆	80	73	80	91	76	83
7	黄凯东	74	75	85	97	82	70
8	侯跃飞	85	71	100	90	85	58
9	魏晓	88	64	68	99	79	94
10	李巧	93	84	85	76	80	94
11	殷豫群	92	64	97	93	75	93
12	刘会民	93	72	92	97	87	61
13	王明	65	93	60	92	64	95
14	刘惠	85	88	92	86	100	88
15	刘思云	84	98	97	85	72	65
16	张小	66	67	78	68	84	93

图 6-3　合并计算后的效果

2．排序

（1）"姓名"列笔划按从少到多排序。将光标定位在表格数据区域中，单击"数据"→"排序和筛选"→"排序"，在"主要关键字"下拉列表中选择"姓名"，在"选项"中选择"笔划排序"，"次序"下拉列表中选择"升序"，然后单击"确定"进行排序，如图6-4所示。

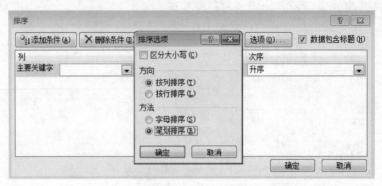

图 6-4　排序

（2）"体育"列分数按从低到高排序。可以使用简单排序直接排序，将光标定位在"体育"列上，单击"数据"→"排序和筛选"→"升序"，如图6-5所示。

图 6-5　升序排列

（3）"总分"列分数按从高到低排序，当分数相同时，"高等数学"列分数按从高到低排序。将光标定位在表格数据区域中，单击"数据"→"排序和筛选"→"排序"，在"主要关键字"中选择"总分"，"次序"中选择"降序"，再单击"添加条件"按钮，在"次要关键字"下拉列表中选择"高等数学"，在"次序"中选择"降序"，单击"确定"按钮进行排序，如图6-6所示。

图 6-6　添加次要关键字

3. 筛选

（1）将"高等数学"成绩在 60～89 分（包含 60 分和 89 分）的数据筛选出来。将光标定位在表格数据区域中，单击"数据"→"排序和筛选"→"筛选"，如图 6-7 所示。

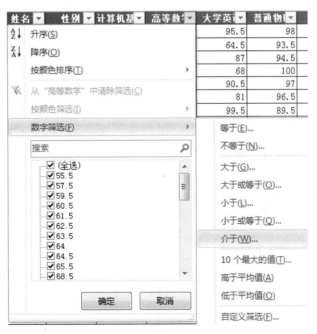

图 6-7 筛选

单击"高等数学"筛选按钮，选择"数字筛选"→"介于"，在"大于或等于"后面的文本框中填写 60，在"小于或等于"后面的文本框中填写 89，如图 6-8 和图 6-9 所示。

图 6-8 数字筛选

自动筛选完成后，若需要清除则再单击"筛选"按钮，原有的筛选就清除了。

（2）将"计算机基础"成绩在 60～70 分（包含 60 分和 70 分）或者是女学生的数据筛选出来；结果显示在区域的左上角单元格为 A50 的区域中，需要用高级筛选。筛选条件要单独放置，将"性别""计算机基础"复制到 L11：N11，在 L12 单元格中输入"女"，在 M13 单元格中输入>=60，在 N13 单元格中输入<=70，如图 6-10 所示。

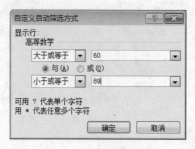

图 6-9　数字筛选

图 6-10　高级筛选条件

单击"数据"→"排序和筛选"→"高级"，在"方式"区域中选择"将筛选结果复制到其他位置"，"列表区域"选择$A$1:$J$45，"条件区域"选择$L$11:$N$13，"复制到"选择$A$50，单击"确定"按钮，如图 6-11 所示。

（a）"高级筛选"对话框

编号	姓名	性别	计算机基础	高等数学	大学英语	普通物理	革命史	体育	总分
1	高志毅	男	66.5	92.5	95.5	98	86.5	71	510.0
3	张倩倩	女	75.5	62.5	87	94.5	78	91	488.5
4	伊然	女	79.5	98.5	68	100	96	66	508.0
5	鲁帆	女	82.5	63.5	90.5	97	65.5	99	498.0
12	刘玉晓	女	93.5	85.5	77	81	95	78	510.0
15	肖童童	女	97.5	76	72	92.5	84.5	78	500.5
16	潘跃	女	56.0	77.5	85	83	74.5	79	455.0
17	杜蓉	女	58.5	90	88.5	97	72	65	471.0
18	张悦群	女	63.0	99.5	78.5	63.5	79.5	65.5	449.5
19	章中承	男	69.0	89.5	92.5	73	58.5	96.5	479.0
21	张月	女	74.0	72.5	67	94	78	90	475.5
22	萧潇	女	75.5	72.5	75	92	86	55	456.0
24	章燕	女	77.0	60.5	66.5	84	98	93	479.0
27	刘惠	女	84.5	78.5	87.5	64.5	72	76.5	463.5
28	刘思云	女	92.5	93.5	77	73	57	84	477.0
30	周晓彤	女	97.0	75.5	73	81	66	76	468.5
31	沈君毅	男	62.5	76	57	67.5	88	84.5	435.5
32	王晓燕	女	62.5	57.5	85	59	79	61.5	404.5
33	吴开	男	63.5	73	65	95	75.5	61	433.0
34	黎辉	男	68.0	97.5	61	57	60	85	428.5
35	李爱晶	女	71.5	61.5	82	57.5	57	85	414.5
36	肖琪	女	71.5	59.5	88	63	88	60.5	430.5
41	涂咏虔	女	85.5	64.5	74	78.5	64	76.5	443.0
44	尹志刚	女	96.5	74.5	63	66	71	69	440.0

（b）高级筛选结果

图 6-11　高级筛选

4. 分类汇总

注意：分类汇总前必须为分类的字段进行排序。

（1）使用"分类汇总"计算出男生和女生的"大学英语"平均成绩，首先对性别进行排序。单击"数据"→"排序和筛选"→"排序"，在"主要关键字"下拉列表中选择"性别"，然后单击"确定"按钮进行排序。

单击"数据"→"分级显示"→"分类汇总"，设置"分类汇总"对话框中的"分类字段"为"性别"，"汇总方式"为"平均值"，"选定汇总项"为"大学英语成绩"，勾选"替换当前分类汇总"和"汇总结果显示在数据下方"复选框，如图 6-12 所示。

图 6-12　"分类汇总"对话框

单击"确定"按钮得到分类汇总表，可以发现表格的行发生了变化，如图 6-13 所示。

	编号	姓名	性别	计算机基础	高等数学	大学英语	普通物理	革命史	体育	总分	名次	总评
2	3	张倩倩	女	75.5	62.5	87	94.5	78	91	488.5	14	
3	4	伊然	女	79.5	98.5	68	100	96	66	508.0	5	优秀
4	5	鲁帆	女	82.5	63.5	90.5	97	65.5	99	498.0	9	
5	12	刘玉晓	女	93.5	85.5	77	81	95	78	510.0	3	优秀
6	15	肖童童	女	97.5	76	72	92.5	84.5	78	500.5	8	优秀
7	16	潘跃	女	56.0	77.5	85	83	74.5	79	455.0	27	
8	17	杜蓉	女	58.5	90	88.5	97	72	65	471.0	21	
9	18	张悦群	女	63.0	99.5	78.5	63.5	79.5	65.5	449.5	29	
10	21	张月	女	74.0	72.5	67	94	78	90	475.5	19	
11	22	萧萧	女	75.5	72.5	75	92	86	55	456.0	26	
12	24	章燕	女	77.0	60.5	66.5	84	98	93	479.0	16	
13	27	刘惠	女	84.5	78.5	87.5	64.5	72	76.5	463.5	24	
14	28	刘思云	女	92.5	93.5	77	73	57	84	477.0	18	
15	30	周晓彤	女	97.0	75.5	73	81	66	76	468.5	23	
16	32	王晓燕	女	62.5	57.5	85	59	79	61.5	404.5	44	
17	35	李爱晶	女	71.5	61.5	82	57.5	57	85	414.5	43	
18	36	肖琪	女	71.5	59.5	88	63	88	60.5	430.5	39	
19	41	涂咏度	女	85.5	64.5	74	78.5	64	76.5	443.0	32	
20	44	尹志刚	女	96.5	74.5	63	66	71	69	440.0	33	
21			女　平均值			78.131579						
22	1	高志懿	男	66.5	92.5	95.5	98	86.5	71	510.0	3	优秀
23	2	戴威	男	73.5	91.5	64.5	93.5	84	87	494.0	10	
24	6	黄凯东	男	82.5	78	81	96.5	96.5	57	491.5	11	
25	7	侯跃飞	男	84.5	71	99.5	89.5	84.5	58	487.0	15	
26	8	魏晓	男	87.5	63.5	67.5	98.5	78.5	94	489.5	13	

图 6-13　分类汇总结果

分类汇总后，数据表左上角出现三个层次的数据，其中第三个层次显示数据表的明细数据与汇总数据，第二个层次显示性别汇总数据，第一个层次显示全部性别的汇总数据。

（2）删除分类汇总。单击"数据"→"分级显示"→"分类汇总"，在弹出的对话框中单击"全部删除"按钮，如图 6-14 所示。

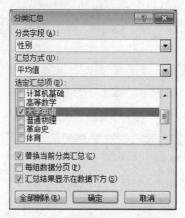

图 6-14　删除分类汇总

5．宏功能的简单应用

（1）添加"开发工具"选项卡。单击"文件"→"选项"，在"Excel 选项"对话框的"自定义功能区"中选择"主选项卡"，在"主选项卡"列表中勾选"开发工具"复选框，如图 6-15 所示。

图 6-15　"Excel 选项"对话框

单击"确定"按钮，在菜单栏中出现了"开发工具"选项卡，如图 6-16 所示。

图 6-16　"开发工具"选项卡

（2）录制宏。打开"手工格式化数据"工作表，单击"开发工具"→"录制宏"（或者"视图"→"宏"→"录制宏"），在"录制新宏"对话框的"宏名"文本框中输入"格式化"，在"快捷键"文本框中输入 Ctrl+f，在"保存在"下拉列表中选择"当前工作簿"，如图 6-17 所示。

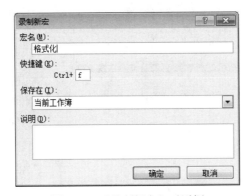

图 6-17　"录制新宏"对话框

单击"确定"按钮，录制宏操作要求如下：

1）设置区域 A1:J1 的行高为 30，其余行的行高为 20。

2）设置表格的列宽为 10。

3）设置区域 A1:J1 的字体格式为红色、加粗，底纹颜色为茶色、背景 2、深色 25%。

4）设置表格外框线为黑色粗实线，表格内框线为黑色细实线。

5）设置表格内文字的对齐方式为水平、垂直均居中，如图 6-18 所示。

员工编号	姓名	性别	部门	职务	年龄	学历	入职时间	工龄	基本工资
DF001	王碧	女	管理	总经理	53	博士	2001-2-1	15	40000
DF002	李丹丹	女	行政	文秘	27	大专	2012-3-1	4	3500
DF003	何红梅	女	管理	研发经理	38	硕士	2003-7-1	12	12000
DF004	魏文轩	女	研发	员工	40	本科	2003-7-2	12	5600
DF005	王明羽	女	人事	员工	43	本科	2001-6-1	14	5600
DF006	陈潘	女	研发	员工	37	本科	2005-9-1	10	6000
DF007	徐韬光	男	管理	部门经理	51	硕士	2001-3-1	15	10000
DF008	罗小晓	男	管理	销售经理	43	硕士	2001-10-1	14	15000
DF009	王俊	男	行政	员工	29	本科	2010-5-1	6	4000
DF010	陈新华	男	研发	员工	42	本科	2006-5-1	10	5500

图 6-18　录制宏操作

（3）停止录制宏。单击"开发工具"→"代码"→"停止录制"，如图 6-19 所示。

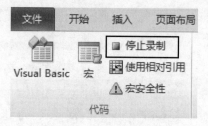

图 6-19　停止录制宏

（4）运行宏。打开"使用宏格式化"工作表，选择要使用宏修饰的区域，单击"开发工具"→"代码"→"宏"（或者"视图"→"宏"→"查看宏"），选择录制好的宏名。单击"执行"按钮，如图 6-20 所示。

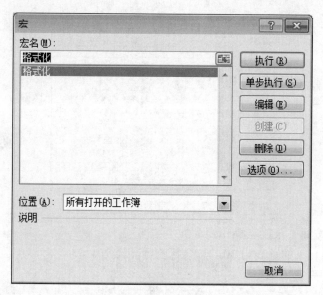

图 6-20　运行宏

6.3　案例小结

本节主要学习合并计算、排序、筛选、分类汇总及创建宏、录制宏、运行宏。在实际应用中还应该注意如下事项：

（1）合并计算：参与计算的数据区域应是数据列表，参与计算的数据在单独的工作表中，参与计算的数据布局相同。

（2）排序：排序时，隐藏的行列不参与排序，因此在对数据进行排序前，应先取消隐藏的行和列。

（3）筛选：筛选条件单独放置。"与"的关系时，同时满足多个条件，条件放在同一行；"或"的关系时，条件放在不同行。

（4）分类汇总：先按分级依据的数据排序。

6.4　拓展训练

按下列要求对文件"数据处理操作.xlsx"进行操作并保存，各部分最终的效果请参照文件"样表.xlsx"的相应部分。

将工作表 Sheet1 中的区域 A1:L32 分别复制到工作表 Sheet2、Sheet3 和 Sheet4 的区域 A1:L32，然后完成以下操作：

（1）将 Sheet2 中的数据按"2015 年"列从高到低排序，将工作表 Sheet2 重命名为"排序"。

（2）将 Sheet3 中的"是否热门地"列筛选出"是"热门地的行，将工作表 Sheet3 重命名为"筛选"。

（3）在 Sheet4 中，使用"分类汇总"计算出东部和西部"2012 年"的平均人数，将工作表 Sheet4 重命名为"分类汇总"。

（4）在 Sheet6 中的单元格 A1 中，将 Sheet5 中的区域 A1:C17 和区域 F1:H5 使用"合并计算"计算总人数，标签位置包含"首行"和"最左列"，将工作表 Sheet6 重命名为"合并计算"。

案例 7　销售记录表数据统计与分析

知识点：

- 掌握条件格式的使用。
- 掌握 LOOKUP 函数的使用。
- 掌握 VLOOKUP 函数的使用。
- 掌握迷你图表的制作方法。

7.1　案例简介

某公司主要经营饮料产品的零售业务，该公司销售部对饮料销售情况进行管理，每个区将销售数据记录在销售记录表中，请大家帮助公司销售部对各饮料产品的销售记录进行统计和分析。

7.2　案例制作

本节以某公司各区销售记录作为案例，统计和分析饮料的销售记录。打开"素材\原始表_01.xlsx"的"销售记录"、"素材\01 迷你图.xlsx"的"迷你图"和"素材\样表_02 格式化.xlsx"的"成绩等级"工作表，完成如下操作。

7.2.1　操作要求

（1）LOOKUP 函数的使用。将工作表"成绩表"中的百分制成绩转换成 A～E 的等级形式，存放在"成绩等级"工作表中。

（2）VLOOKUP 函数的使用。在工作表"销售记录"中计算饮料的单位、进价和售价。

（3）创建成绩趋势折线迷你图。在区域 J2:J21 创建成绩趋势折线迷你图。将对应编号复制到迷你图上，只粘贴值，设置单元格字体为红色；在 J 列的迷你图上突出显示数据标记。修改 J 列的迷你图的颜色为绿色，粗细为 1.5 磅，迷你图的标记颜色为高点、红色。

（4）设置单元格条件格式。将成绩为"补考"的单元格标注为深红文字、黄色填充，将成绩为 E 等级的单元格标注为红色文字、浅绿色填充。

7.2.2　操作步骤

（1）将工作表"成绩表"中的百分制成绩转换成 A～E 的等级形式。选中"成绩等级"工作表 D2 单元格，输入=LOOKUP(，插入公式，在输入的同时系统也会提示公式，如图 7-1 所示。

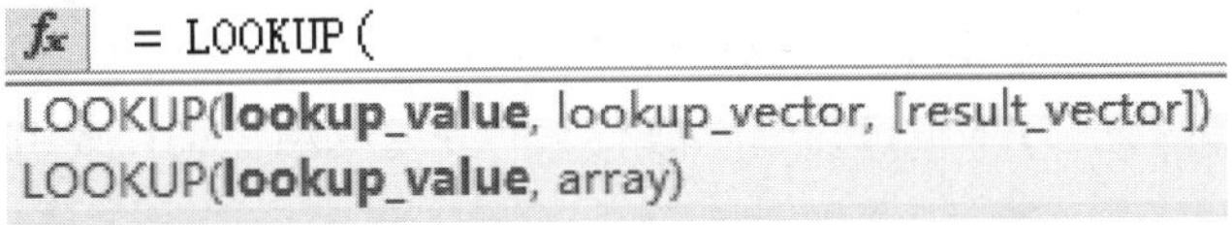

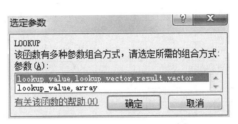

图 7-1　插入 LOOKUP 函数

输入完公式后，将光标置于 LOOKUP 中，单击"插入函数"图标 f_x，弹出"选定参数"对话框，如图 7-2 所示。

图 7-2　"选定参数"对话框

LOOKUP 函数是返回向量或数组中的数值。函数 LOOKUP 有两种语法形式：向量和数组。函数 LOOKUP 的向量形式是在单行区域或单列区域（向量）中查找数值，然后返回第二个单行区域或单列区域中相同位置的数值。函数 LOOKUP 的数组形式在数组的第一行或第一列查找指定的数值，然后返回数组的最后一行或最后一列中相同位置的数值。本例使用向量形式。

公式：=LOOKUP(Lookup_value,Lookup_vector,Result_vector)。

Lookup_value：函数 LOOKUP 在第一个向量中所要查找的数值，它可以为数字、文本、逻辑值或包含数值的名称或引用。

Lookup_vector：只包含一行或一列的区域，Lookup_vector 的数值可以为文本、数字或逻辑值。

Result_vector：只包含一行或一列的区域，其大小必须与 Lookup_vector 相同。

注意：Lookup_vector 的数值必须按升序排序，即……-2、-1、0、1、2……A～Z、FALSE、TRUE，否则函数 LOOKUP 不能返回正确的结果。文本不区分大小写。

选定后单击"确定"按钮，弹出"函数参数"对话框，并在第一个参数查找的值中选择"成绩表!D2"，在第二个参数查找的区域中输入数组"{0,60,70,80,90}"，第三个参数返回与第二个参数相对应的数值，输入数组"{"E","D","C","B","A"}"，如图 7-3 所示。

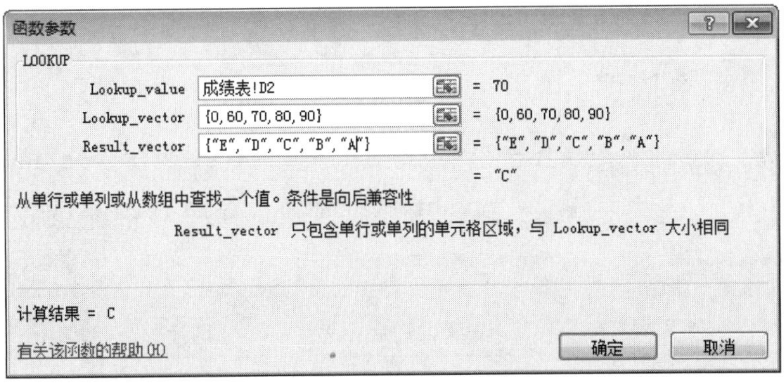

图 7-3　选定 LOOKUP 函数的对话框

单击"确定"后，完整公式为"=LOOKUP(成绩表!D2,{0,60,70,80,90},{"E","D","C","B","A"})"，然后向下填充将所有学生百分制成绩对应的等级成绩全部计算出来，如图 7-4 所示。

学号	姓名	性别	线性代数	高等数学	大学英语	大学物理
100101	高志毅	男	C	A	C	D
100102	戴威	男	D	B	D	E
100103	张倩倩	女	E	C	C	C
100104	伊然	女	C	C	A	A
100105	鲁帆	女	C	C	A	B
100106	黄凯东	男	A	B	E	D
100107	侯跃飞	男	A	B	E	D
100108	魏晓	男	E	A	C	E
100109	李巧	男	E	B	B	C
100110	殷豫群	男	E	A	E	D
100111	刘会民	男	E	A	C	A
100112	刘玉晓	女	A	B	C	B
100113	王海强	男	C	C	B	B
100114	周良乐	男	A	D	A	E
100115	肖童童	女	A	E	E	C
100116	潘跃	女	C	D	D	B
100117	杜蓉	女	B	A	C	E
100118	张悦群	女	A	B	C	C
100119	章中承	男	B	E	A	C
100120	薛利恒	男	E	E	E	A
100121	张月	女	C	D	E	B
100122	萧萧	女	E	B	C	E
100123	张志强	男	E	B	E	C

图 7-4　计算等级成绩最终结果

（2）在工作表"销售记录"中计算饮料的单位、进价和售价。在 F3 单元格中输入 =VLOOKUP(函数时，在输入的同时系统也会提示公式，如图 7-5 所示。

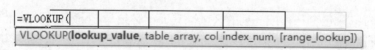

图 7-5　VLOOKUP 函数

输入完公式后，单击"插入函数"图标，弹出"函数参数"对话框，如图 7-6 所示。

图 7-6　"函数参数"对话框

1）Lookup_value 为需要在数据表第一列中进行查找的数值。Lookup_value 可以为数值、引用或文本字符串。当 VLOOKUP 函数第一参数省略查找值时，表示用 0 查找。

2）Table_array 为需要在其中查找数据的数据表。使用对区域或区域名称的引用。

3）Col_index_num 为 Table_array 中查找数据的数据列序号。Col_index_num 为 1 时，返回 Table_array 第一列的数值；Col_index_num 为 2 时，返回 Table_array 第二列的数值，以此类推。如果 Col_index_num 小于 1，函数 VLOOKUP 返回错误值#VALUE!；如果 Col_index_num 大于 Table_array 的列数，函数 VLOOKUP 返回错误值#REF!。

4）Range_lookup 为一逻辑值，其指明函数 VLOOKUP 查找时是精确匹配还是近似匹配。如果 Range_lookup 为 FALSE 或 0，则返回精确匹配，如果找不到，则返回错误值#N/A。如果 Range_lookup 为 TRUE 或 1，函数 VLOOKUP 将查找近似匹配值，也就是说，如果找不到精确匹配值，则返回小于 Lookup_value 的最大数值。如果 Range_lookup 省略，则默认为近似匹配。

第一个参数是要搜索的值，也就是"统一奶茶"，单击 D3 单元格或者输入 D3。第二个参数是要查找的区域，即"饮料价格"工作表中的数据区域 B4:E45 单元格。第三个参数是在"饮料价格"工作表中比较查找"数量"列并返回第二列"饮料价格"的数据，所以这里输入 2（注意，这里的列数不是 Excel 默认的列数，而是查找范围的列数）。第四个参数是精确查找返回"饮料价格"列，为 0 或 FALSE，如图 7-7 所示。

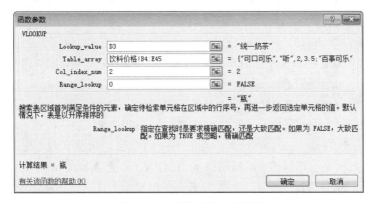

图 7-7 "函数参数"对话框

对于其他饮料的单位可以填充计算，要得到正确的值，必须按 F4 键加上绝对引用符号，因为之后进行公式填充时，搜索的区域是固定的且不随公式的填充而改变数据区域的，如图 7-8 所示。

f_x | =VLOOKUP(D3,饮料价格!$B$4:$E$45,2,0)

图 7-8 公式填充

对进价和售价可以采用公式填充的方式，修改公式，"进价"的第三个参数返回值的列号为第三列，"售价"的第三个参数返回值的列号为第四列，其他参数不需要修改，如图 7-9 所示。

f_x | =VLOOKUP(D3,饮料价格!$B$4:$E$45,3,0)
f_x | =VLOOKUP(D3,饮料价格!$B$4:$E$45,4,0)

图 7-9 公式填充

完成效果如图 7-10 所示。

1	销售记录表						
2	日期	所在区	饮料店	饮料名称	数量	单位	进价	售价
3	2017-1-1	C区	大坪石店	统一奶茶	70	瓶	1.9	2.4
4	2017-1-1	C区	大坪石店	红牛	78	听	3.2	6
5	2017-1-1	C区	大坪石店	菠萝啤	16	听	1.2	2.5
6	2017-1-1	C区	大坪石店	非常可乐	8	听	1.6	3.3
7	2017-1-1	C区	大坪石店	苦柠檬水	59	瓶	2.5	4.5
8	2017-1-1	C区	大坪石店	娃哈哈果奶	23	瓶	1.4	3
9	2017-1-1	C区	大坪石店	葡萄汁	86	合	4.5	7.2
10	2017-1-1	C区	大坪石店	雪碧	48	听	2.5	4
11	2017-1-1	C区	大坪石店	王老吉	17	合	1.7	2.2
12	2017-1-1	C区	大坪石店	怡宝纯净水	62	瓶	0.9	1.5
13	2017-1-1	C区	大坪石店	脉动	27	瓶	2	3.5

图 7-10　完成效果

扩展知识：HLOOKUP 函数的使用

HLOOKUP 函数是横向查找函数，它与 LOOKUP 函数和 VLOOKUP 函数属于同一类函数，因为 HLOOKUP 是按行查找的，所以使用频率较少。

公式：=HLOOKUP(Lookup_value,Table_array,Row_index_num,Range_lookup)。

1）Lookup_value 为需要在数据表第一行中进行查找的数值。Lookup_value 可以为数值、引用或文本字符串。

2）Table_array 为需要在其中查找数据的数据表。使用对区域或区域名称的引用。

3）Row_index_num 为 Table_array 中待返回的匹配值的行序号。Row_index_num 为 1 时，返回 Table_array 第一行的数值；Row_index_num 为 2 时，返回 Table_array 第二行的数值，以此类推。如果 Row_index_num 小于 1，函数 HLOOKUP 返回错误值#VALUE!；如果 Row_index_num 大于 Table_array 的行数，函数 HLOOKUP 返回错误值#REF!。

4）Range_lookup 为一逻辑值，其指明函数 HLOOKUP 查找时是精确匹配，还是近似匹配。如果 Range_lookup 为 TURE 或者 1，则返回近似匹配值。也就是说，如果找不到精确匹配值，则返回小于 Lookup_value 的最大数值。如果 Range_lookup 为 FALSE 或 0，函数 HLOOKUP 将查找精确匹配值，如果找不到，则返回错误值#N/A。如果 Range_lookup 省略，则默认为近似匹配。

表格或数值数组（数组，即用于建立可生成多个结果或可对在行和列中排列的一组参数进行运算的单个公式，数组区域共用一个公式，数组常量是用作参数的一组常量）的首行查找指定的数值，并在表格或数组中指定行的同一列中返回一个数值。当比较值位于数据表的首行，并且要查找下面给定行中的数据时，请使用函数 HLOOKUP。当比较值位于要查找的数据左边的一列时，请使用函数 VLOOKUP。HLOOKUP 中的 H 代表"行"。

（3）在区域 J2:J21 创建成绩趋势折线迷你图。打开"迷你图"工作表，选定 J2:J21 单元格，单击"插入"选项卡，在"迷你图"组中选择"折线图"，如图 7-11 所示。

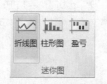

在"创建迷你图"对话框的"数据范围"文本框中选择 D2:I21，在"位置范围"文本框中选择$J$2:$J$21，如图 7-12 所示。

图 7-11　插入迷你图

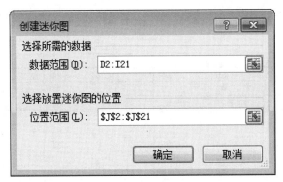

图 7-12　"创建迷你图"对话框

单击"确定"按钮，在 J2:J21 单元格生成迷你折线图，在 J 列突出显示数据标记，选中编号数据区域，将数据复制到迷你图上，选择"粘贴"→"粘贴数值"→"值"，如图 7-13 所示。

图 7-13　粘贴选项

单击"设计"选项卡，设置迷你图格式，在"显示"组中勾选"标记"，在"样式"组中，选择"迷你图颜色"，设置颜色为绿色、粗细为 1.5 磅，选择"标记颜色"，设置高点颜色为红色，如图 7-14 所示。

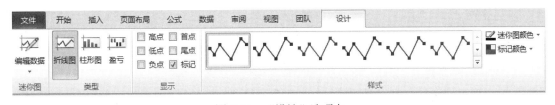

图 7-14　"设计"选项卡

设置好后的最终效果如图 7-15 所示。

（4）将成绩为"补考"的单元格标注为深红文字、黄色填充，将成绩为 E 等级的单元格标注为红色文字、浅绿填充。选中 D2:G38 单元格，单击"开始"→"样式"→"条件格式"，如图 7-16 所示。

编号	姓名	性别	一测	二测	半期	三测	四测	期末	成绩趋势
1	高志毅	男	90	89	62	83	68	78	
2	戴威	男	61	75	93	87	87	78	
3	张倩倩	女	82	82	85	65	75	98	
4	伊然	女	55	64	90	64	70	82	
5	鲁帆	女	92	93	82	97	67	80	
6	黄凯东	男	91	59	69	84	84	92	
7	侯跃飞	男	76	84	96	74	76	65	
8	魏晓	男	88	87	80	87	86	95	
9	李巧	男	56	80	69	74	81	100	
10	殷豫群	男	96	100	91	76	73	95	
11	刘会民	男	71	94	97	84	86	92	
12	刘玉晓	女	97	68	98	82	63	72	
13	王海强	男	74	96	62	68	100	72	
14	周良乐	男	76	63	72	89	90	78	
15	肖童童	女	75	55	96	82	58	93	
16	张月	女	66	64	59	85	75	64	
17	萧潇	女	98	65	72	86	59	62	
18	张志强	女	79	71	83	97	62	59	
19	章中承	男	100	91	66	59	97	94	
20	薛利恒	男	76	65	61	68	65	56	

图 7-15　最终效果

图 7-16　定义快速访问工具栏

在下拉列表中选择"突出显示单元格规则"→"等于",在"等于"对话框中的文本框中输入"缺考",在"设置为"下拉列表中选择"自定义格式",如图 7-17 所示。

在"设置单元格格式"对话框中选择"填充"选项卡,"背景色"选择黄色,选择"字体"选项卡,"颜色"选择深红色,单击"确定",设置好后再单击"确定",如图 7-18 所示。

将成绩为 E 等级的单元格标注为红色文字、浅绿填充,和上面设置相同,请同学们自行设置。

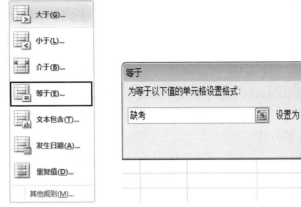

图 7-17　条件格式"等于"对话框

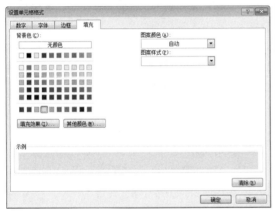

图 7-18　"设置单元格格式"对话框

除了设置"等于"外，在"突出显示单元格规则"中还可以设置其他的条件，默认条件主要有"小于""介于""大于""文本包含""发生日期""重复值"。

在"其他规则"菜单项中还可以新建默认规则以外的规则，例如"大于或等于""小于或等于"等，如图 7-19 所示。

图 7-19　"新建格式规则"对话框

7.3　案例小结

本节主要学习了条件格式、LOOKUP 函数、VLOOKUP 函数和迷你图表的运用，在实际应用中，大家还应该注意如下事项：

（1）对于一个单元格区域，可以有多个条件格式规则计算值为真。在规则的应用上有两种情况：规则不冲突和规则冲突。

1）规则不冲突：例如，如果一个规则将单元格格式设置为字体加粗，而另一个规则将同一个单元格的格式设置为红色，则该单元格的字体将被加粗并设为红色。因为这两种格式间没有冲突，所以两个规则都得到应用。

2）规则冲突：例如，一个规则将单元格字体颜色设置为红色，而另一个规则将同一单元格字体颜色设置为绿色，因为这两个规则冲突，所以只应用优先级较高的规则（在对话框列表中的较高位置）。

（2）在使用 LOOKUP 函数查询一个明确的值或者范围的时候（也就是知道在查找的数据列肯定包含被查找的值时），查询列必须按照升序排列。如果所查询值为明确的值，则返回值所对应的结果行；如果没有明确的值，则向下取与所查询值最近的值。查找一个不确定的值，如查找一列数据的最后一个数值，在这种情况下，并不需要升序排列。

（3）在使用 VLOOKUP 函数时，VLOOKUP 中的 V 表示垂直方向。当比较值位于所需查找数据的左边一列时，可以使用 VLOOKUP。如果 Range_lookup 参数为 TRUE 或被省略，则必须按升序排列 Table_array 第一列中的值，否则 VLOOKUP 可能无法返回正确的值。如果 Range_lookup 参数为 FALSE，则不需要对 Table_array 第一列中的值进行排序。如果 Range_lookup 参数为 FALSE，VLOOKUP 将只查找精确匹配值。如果 Table_array 的第一列中有两个或更多值与 Lookup_value 匹配，则使用第一个找到的值。如果找不到精确匹配值，则返回错误值#N/A。

（4）在迷你图表的制作中，首先要确定用哪些数据源制作迷你图表，其次确定制作什么类型的迷你图表，最后再对图表的数据设置迷你图表格式样式。

7.4　拓展训练

请根据下列要求对该部门销售信息进行统计和分析，对文件"部门销售信息.xlsx"进行操作并保存。

（1）请对"订单明细"工作表进行格式调整，通过套用表格格式方法将所有的销售记录调整为一致的外观格式，并将"单价"列和"小计"列所包含的单元格调整为"会计专用"（人民币）数字格式。

（2）根据图书编号，请在"订单明细"工作表的"图书名称"列中，使用 VLOOKUP 函数完成图书名称的自动填充。"图书名称"和"图书编号"的对应关系在"编号对照"工作表中。

（3）根据图书编号，请在"订单明细"工作表的"单价"列中，使用 VLOOKUP 函数完成图书单价的自动填充。"单价"和"图书编号"的对应关系在"编号对照"工作表中。

（4）在"订单明细"工作表的"小计"列中，计算每笔订单的销售额。

（5）根据"订单明细"工作表中的销售数据统计所有订单的总销售金额，并将其填写在"统计报告"工作表的 B3 单元格中。

（6）根据"订单明细"工作表中的销售数据统计《MS Office 高级应用》图书在 2012 年的总销售额，并将其填写在"统计报告"工作表的 B4 单元格中。

（7）根据"订单明细"工作表中的销售数据统计隆华书店在 2011 年第三季度的总销售额，并将其填写在"统计报告"工作表的 B5 单元格中。

（8）根据"订单明细"工作表中的销售数据统计隆华书店在 2011 年的每月平均销售额（保留两位小数），并将其填写在"统计报告"工作表的 B6 单元格中。

案例 8　产品销售图表的统计和分析

知识点：

- 创建图表。
- 修饰图表。
- 汇总图表。
- 动态图表。

8.1　案例简介

某公司主要经营饮料产品的零售业务，该公司销售部对饮料销售额情况进行分析，每个区将销售额和毛利润数据记录在销售记录表中，请大家帮助该公司销售部对各饮料产品的销售额和毛利润记录进行图表统计和分析。

8.2　案例制作

本节以某公司各区销售记录作为案例，学习创建图表、修饰图表、制作动态图表统计和分析饮料的销售利润。打开文件"素材\原始表_03.xlsx"，完成下述操作。

8.2.1　操作要求

（1）复制工作表"各区销售汇总"中的汇总数据（含第二级明细数据和汇总数据，不含第三级明细数据）到工作表"汇总图表"的单元格 A1 开始的区域。

（2）在工作表"汇总图表"中，用表格中所在区、销售额和毛利润数据（不含总计数据）作为数据源，绘制簇状柱形图。

（3）设置图表标题为"销售额与毛利润关系图"，置于图表上方。设置数据系列"毛利润"为"次坐标轴"。更改系列"毛利润"的图表类型为"带数据标记的折线图"。

（4）设置图表区填充色为渐变填充，渐变光圈位置 0%和 100%的颜色均为橙色；绘图区格式为渐变填充，渐变光圈位置 0%和 100%的颜色均为绿色。

（5）显示数据标签，居中放置在数据点上。在横坐标轴下方显示主要横坐标标题"饮料店"，设置主要纵坐标轴标题为"销售额"，设置次要纵坐标轴标题为"毛利润"，纵坐标轴标题均为"竖排标题"。

（6）复制工作表"汇总图表"中的表格数据到"动态汇总图表"工作表的单元格 A1 开始的区域。插入空白的簇状柱形图。依次插入两个"复选框（窗体控件）"。设置控件格式中的单元格链接分别为 A11 和 A12。

（7）构建并定义计算公式：勾选"复选框 1"时，返回区域 I3:I7 的数据；勾选"复选框

2"时，返回区域 J3:J7 的数据。

（8）设置图表的数据源：数据系列为定义的公式中返回的数据区域 I3:I7 或 J3:J7，设置分类轴显示各区汇总名。

（9）设置纵坐标轴最大值为 40000，最小值为 10000。

（10）设置图表区填充色为渐变填充，预设颜色为"雨后初晴"。

（11）删除控件的显示标题，调整控件位置使其显示在图例前方。

8.2.2　操作步骤

先在工作表"销售记录"中计算饮料的单位、进价和售价（使用 VLOOKUP 函数）。

在工作表"销售记录"中，计算饮料的销售额（销售额=数量*售价）。在工作表"销售记录"中，计算饮料的毛利润，毛利润=数量*（售价−进价）。再在"各区销售汇总"中做各区销售额、毛利润的分类汇总。

再复制工作表"各区销售汇总"中汇总数据（含第二级明细数据和汇总数据，不含第三级明细数据）到工作表"汇总图表"的单元格 A1 开始的区域。单击分级显示符号 2，然后选择"开始"→"编辑"→"查找和选择"→"转到"，如图 8-1 所示。

图 8-1　查找和选择

在弹出的"定位"对话框中单击"定位条件"按钮，在"定位条件"对话框中选择"可见单元格"单选框，如图 8-2 所示。

单击"确定"按钮，显示所有单元格，然后将所有可见单元格的数据复制粘贴到"汇总图表"工作表 A1 开始的单元格中，如图 8-3 所示。

以分类汇总结果为基础，在工作表"汇总图表"中，使用表格中所在区、销售额和毛利润数据（不含总计数据）作为数据源，创建一个簇状柱形图，对各销售情况进行比较。

图表是指将工作表中的数据用图形表示出来，它可以使数据更加有趣、吸引人、易于阅读和评价，也可以帮助分析和比较数据。

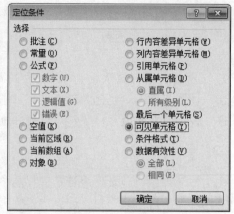

图 8-2   定位条件

	日期	所在区	饮料店	饮料名称	数量	单位	进价	售价	销售额	毛利润
1				销售记录表						
2	日期	所在区	饮料店	饮料名称	数量	单位	进价	售价	销售额	毛利润
3		A区 汇总							34526.1	12006.9
4		B区 汇总							37315.5	12924.8
5		C区 汇总							37372.5	12735
6		D区 汇总							34655	11754.5
7		E区 汇总							39525.6	12995.7
8		总计							183394.7	62416.9

饮料价格 · 销售记录 · 各区销售汇总 · 汇总图表 · 动态汇总图表 · 制作图表

图 8-3   粘贴数据

当基于工作表选定区域建立图表时，使用来自工作表的值，并将其当作数据点在图表上显示。数据点用条形、线条、柱形、切片、点及其他形状表示，这些形状称作数据标示。

图表可以用来表现数据间的某种相对关系，在常规状态下一般运用柱形图比较数据间的多少关系，用折线图反映数据间的趋势关系，用饼图表现数据间的比例分配关系。

建立了图表后，可以通过增加图表项，如数据标记、图例、标题、文字、趋势线、误差线及网格线来美化图表及强调某些信息。大多数图表项可被移动或调整大小，也可以用图案、颜色、对齐、字体及其他格式属性来设置这些图表项的格式。

制作图表的方法有两种：一种是先选择创建的图表类型，插入后再选择数据源生成图表；另一种是先选择数据源，再选择创建图表类型插入生成图表。

具体步骤如下：

（1）确定数据源区域，根据要求的描述，创建图表需要各个区的销售情况，也就是"分类汇总"工作表中的分类名称 B3:B7、销售额 I3:I7 和毛利润 J3:J7，由于不是连续的单元格区域，所以选择时首先按住鼠标左键选择 B3:B7，然后再按住 Ctrl 键依次拖选 I3:I7 和 J3:J7。

　　选择好数据区域后，单击"插入"选项卡，在"图表"组中选择"柱形图"，在下拉列表中选择"二维柱形图"中的"簇状柱形图"，如图 8-4 所示。

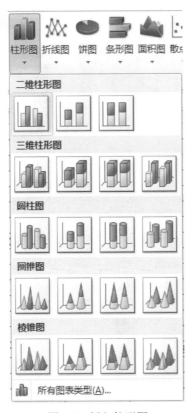

图 8-4 插入柱形图

　　选择好后在工作表中会出现一个绘制好的图表，如图 8-5 所示。

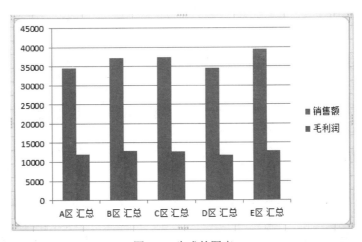

图 8-5 生成的图表

　　（2）设置图表标题为"销售额与毛利润关系图"，置于图表上方。单击图表，选择"图表工具"→"布局"→"图表标题"下的"图表上方"，如图 8-6 所示。

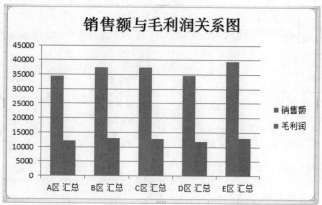

图 8-6　图表标题

（3）设置数据系列"毛利润"为"次坐标轴"。更改系列"毛利润"的图表类型为"带数据标记的折线图"，选择"毛利润"坐标轴，右击鼠标选择"设置数据系列格式"，在弹出的对话框中选择"系列选项"→"系列绘制在"→"次坐标轴"，单击"关闭"按钮，如图 8-7 所示。

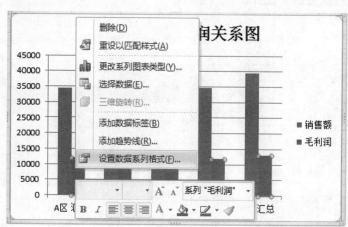

图 8-7　设置数据系列格式

更改该数据系列的图表类型，右击选择"更改系列图表类型"，在弹出的对话框中选择"折线图"中"带数据标记的折线图"，如图 8-8 所示。

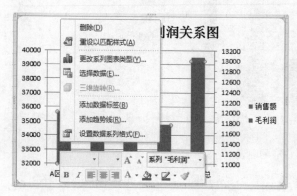

图 8-8　更改系列图表类型

单击"确定"按钮，生成折线图，如图 8-9 所示。

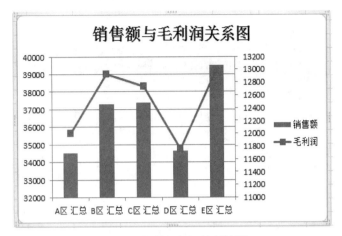

图 8-9　带数据标记的折线图

（4）设置图表区填充色为渐变填充，渐变光圈位置 0% 和 100% 的颜色均为橙色；绘图区格式为渐变填充，渐变光圈位置 0% 和 100% 的颜色均为绿色。选择"图表区"，右击选择"设置图表区域格式"，在"设置图表区格式"对话框中选择"填充"→"渐变填充"，"渐变光圈"→"位置"为 0% 处"颜色"选择橙色，"位置"为 100% 处"颜色"选择橙色，如图 8-10 所示。

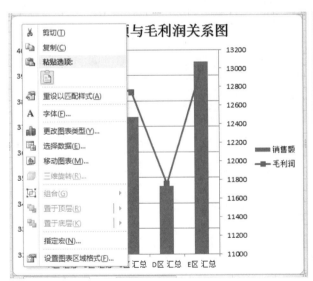

图 8-10　设置图表区填充色

单击"关闭"按钮，绘图区格式的设置和图表区格式的设置相同，请同学们自行设置，效果如图 8-11 所示。

（5）显示数据标签，居中放置在数据点上。在横坐标轴下方显示主要横坐标标题为"饮料店"，设置主要纵坐标轴标题为"销售额"，设置次要纵坐标轴标题为"毛利润"，纵坐标轴标题均为"竖排标题"。选择图表区，选择"图表工具"→"布局"→"数据标签"→"居中"，如图 8-12 所示。

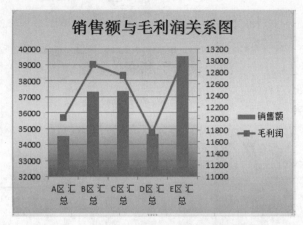

图 8-11   销售额与毛利润关系图修饰后的效果

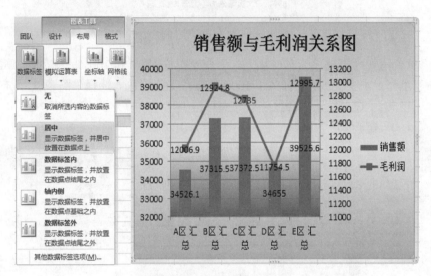

图 8-12   居中显示数据标签

其他设置都在"布局"选项卡的"坐标轴标题"中完成，如图 8-13 所示。

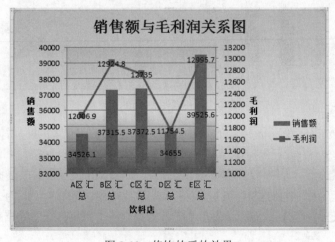

图 8-13   修饰的后的效果

如果数据显示不正确，或者布局不合要求，图表样式要更改，可以通过选择图表、单击"设计"选项卡，设置数据行列互换、图表布局和图表样式，如图 8-14 所示。

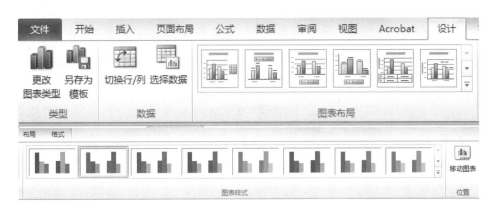

图 8-14　"设计"选项卡

在"布局"选项卡中主要是针对图表标题、坐标轴标题、图例位置、数据标签、趋势线等图表元素的设置，如图 8-15 所示。

图 8-15　"布局"选项卡

在"格式"选项卡中主要是针对图表中的图形、文本框的格式和样式的设置，与图形的调整菜单类似，如图 8-16 所示。

图 8-16　"格式"选项卡

（6）动态图表是图表的高级形式，从静态图表到动态图表可以提高分析数据的效率和效果，其核心的思想是动态地改变图表数据源。一般可以通过设计控件来控制数据的来源。

复制工作表"汇总图表"中的表格数据到"动态汇总图表"工作表的单元格 A1 开始的区域。插入空白的簇状柱形图。依次插入两个"复选框（窗体控件）"，设置控件格式中单元格链接分别为 A11 和 A12。

将"汇总图表"中的所有数据复制到"动态汇总图表"A1 单元格，选中空白单元格，单击"插入"→"图表"→"柱形图"→"簇状柱形图"插入一张空白的柱形图。复选框控件插入要显示"开发工具"选项卡（参照案例 6 数据处理实验）。选择"开发工具"→"控件"→"插入"→"表单控件"→"复选框（窗体控件）"，如图 8-17 所示。

图 8-17　插入表单控件

按鼠标左键拖动在工作表空白处生成复选框。

右击"复选框 1"，选择"设置控件格式"，在"设置对象格式"对话框中选择"控制"选项卡，"单元格链接"选择 A11。右击"复选框 2"，选择"设置控件格式"，在"设置对象格式"对话框中选择"控制"选项卡，"单元格链接"选择 A12，使复选框和图表数据源建立关系，如图 8-18 所示。

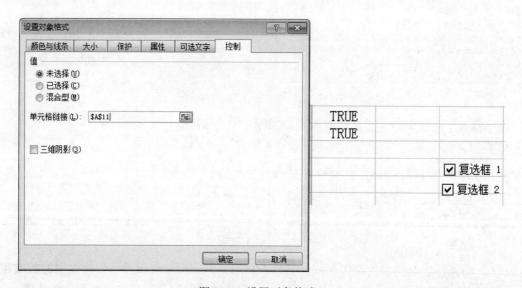

图 8-18　设置对象格式

注意：当勾选复选框时选择其中的数据；去掉勾选时选择空白区域。

（7）构建并定义计算公式：勾选"复选框 1"时，返回区域 I3:I7 的数据；勾选"复选框 2"时，返回区域 J3:J7 的数据。

设置"复选框 1"，选中空白单元格，输入公式=IF($A$11,$I$3:$I$7,$K$3:$K$7)（所有单元格都要绝对引用），如图 8-19 所示。

复制该公式并定义该公式的名称，单击"公式"→"定义的名称"→"定义名称"（或"名称管理器"），如图 8-20 所示。

图 8-19　构建并定义计算公式

图 8-20　定义名称

在弹出的"新建名称"对话框的"名称"文本框中输入"销售额"，将复制的公式 =IF($A$11,$I$3:$I$7,$K$3:$K$7)粘贴到"引用位置"文本框中，如图 8-21 所示。

图 8-21　新建名称

单击"确定"按钮。设置复选框 2 和设置复选框 1 相同，请同学们自行设置。"复选框 2" 公式为=IF($A$12,$J$3:$J$7,$K$3:$K$7)。

（8）设置图表的数据源。数据系列为定义的公式中返回的数据区域 I3:I7 或 J3:J7，设置 分类轴显示各个区汇总名。选中图表区，右击选择"选择数据"，弹出"选择数据源"对话框， 在"图例项（系列）"区域中单击"添加"按钮，弹出"编辑数据系列"对话框，在"系列名 称"文本框中输入"销售额"，在"系列值"文本框中输入"=动态汇总图表!销售额"，单击"确 定"按钮，如图 8-22 所示。

再继续添加毛利润，如图 8-23 所示。

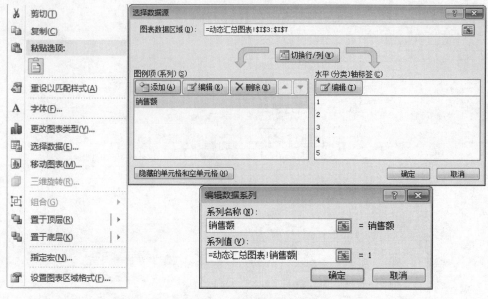

图 8-22   设置图表的数据源

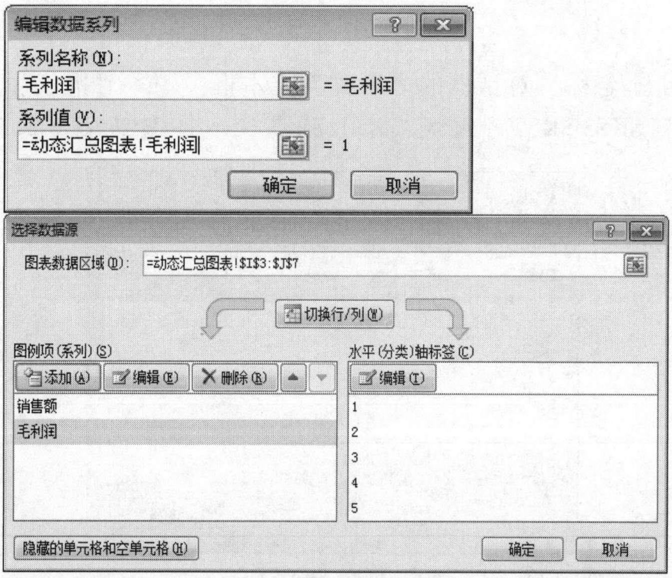

图 8-23   继续添加数据

在"水平(分类)轴标签"区域中单击"编辑"按钮，在弹出的"轴标签"对话框的"轴标签区域"文本框中选择"动态汇总图表"工作表 B3:B7，如图 8-24 所示。

图 8-24   "轴标签"对话框

单击"确定"按钮，如图 8-25 所示。

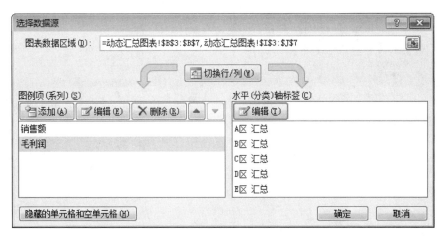

图 8-25 "选择数据源"对话框

单击"确定"按钮，效果如图 8-26 所示。

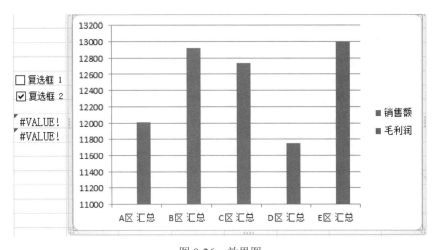

图 8-26 效果图

注意：图中没有显示销售额的图形，是因为没有勾选"复选框 1"。这就是动态图表与静态图表的区别。

（9）设置纵坐标轴最大值为 40000，最小值为 10000。选中"坐标轴"，右击"设置坐标轴格式"，弹出"设置坐标轴格式"对话框，选择"坐标轴选项"→"最小值"→"固定"，在"固定"后的文本框中输入 10000，同样"最大值"输入 40000，如图 8-27 所示。

（10）设置图表区填充色为渐变填充，预设颜色为"雨后初晴"。选择"图表区"，右击选择"设置图表区格式"，在"设置图表区格式"对话框中选择"填充"→"渐变填充"，在"预设颜色"下拉列表中选择"雨后初晴"（第一行第四列），如图 8-28 所示。

（11）删除控件的显示标题，调整控件位置使其显示在图例前方。选中"复选框 1"，删除"复选框 1"文字，把"复选框 1"移动到图例"销售额"的前方。

最终动态图表的效果图如图 8-29 所示。

图 8-27   设置坐标轴格式   图 8-28   设置图表区格式

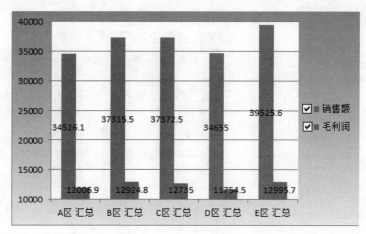

图 8-29   最终动态图表的效果图

8.3   案例小结

本节主要学习了静态图表和动态图表的运用。在实际应用中，大家还应该注意，无论用哪种方法创建动态图表，都要通过加载数据、制作图表和添加窗体控件三个步骤，才能在传统平淡的图表上加载神奇的动态效果。

8.4   拓展训练

按下列要求对文件"综合应用操作.xlsx"进行操作并保存，各部分最终的效果请参照文件"样表.xlsx"的相应部分。

1．在工作表 Sheet1 中进行以下操作

（1）计算图书的专业、类别和定价（使用 VLOOKUP 函数，检索工作表 Sheet2 中的数据）。

（2）计算图书销售额，销售额=销售量（本）*定价。

（3）新建一个表样式。要求：表样式名为"表样式 1"，整个表包含所有框线，标题行底纹为紫色，第一行条纹的底纹为"水绿色强调文字颜色 5"，条纹尺寸为 1。

（4）将创建好的"表样式 1"应用到区域 A1:G100 的单元格。

（5）将表格转换为普通区域，包含标题行。

2．在指定的工作表中完成汇总统计

（1）在工作表"各专业图书定价统计"中，使用"分类汇总"计算出各个专业"定价"的最大值。

（2）在工作表"各图书类别定价统计"中，使用"分类汇总"计算出各个类别"定价"的最大值。

（3）在工作表"各时间出版量"中，使用"分类汇总"计算出各"出版年月"的图书数量。

（4）在工作表"图书统计"中，使用嵌套"分类汇总"计算出各专业和各类别"定价"的最大值。

3．制作图表

（1）复制工作表"图书销售汇总"中的汇总数据（不含第三级明细数据，含第二级明细数据和汇总数据）到工作表 Sheet3 的单元格 A1 开始的区域，只粘贴值，不含格式。

（2）在工作表 Sheet3 中插入簇状柱形图。

（3）在工作表 Sheet3 中插入一个"组合框（窗体控件）"，设置控件格式：数据源为当前工作表中的区域$C$2:$C$8，单元格链接为$A$10。

（4）在工作表 Sheet3 中，利用组合框构建计算公式：在组合框中选择"大学通识类 汇总"时，返回"大学通识类 汇总"对应的数据 E2:F2；选择"电子信息与电气类 汇总"时，返回"电子信息与电气类 汇总"对应的数据 E3:F3，以此类推。公式名为"专业总和"。

（5）设置图表数据源：数据系列为构建的计算公式"专业总和"的返回值，分类轴数据源为区域$E$1:$F$1。

（6）设置图表区填充色为渐变填充，预设颜色为"漫漫黄沙"。背景墙填充色为图片或纹理填充，纹理为"水滴"。

（7）调整组合框位置，将组合框显示在图例上。

案例 9 演示文稿创新设计

9.1 案例简介

PPT 作为当今时代的一种交流工具，可谓是大行其道。现在一提 PPT，老师们都会想到"课件"，学生们都会想到"答辩"，职场人士都会想到"方案"。然而事实是，在众多的 PPT 中没有几个是让人印象深刻、难以忘怀的。

近些年，学校多媒体教室一下子增加了许多。可以发现一个规律：不管是玄乎其玄的"离散数学"课，还是引人入胜的"心理健康教育"课，授课教师都在用一些经典到"麻木"的 PPT 模板。

PPT 的设计思维非常重要，正所谓制作 PPT 是"三分技术，七分艺术"。

9.2 案例制作

1. 制作 PPT 容易犯的错误

大家第一次做 PPT 基本都是在学生时代。一般制作过程是这样的：偶然在网站上发现了一个喜欢的图片，除了设为桌面外，还要在自己的 PPT 中用上。设置背景图片唯一的目的就是突出主题，可是如图 9-1 所示的背景图片肯定容易使人分神。

图 9-1 背景乱容易使人分神

另一个问题就是，PPT 里面的内容唠唠叨叨，如图 9-2 所示，听演讲者在讲台上朗读这样的 PPT，对于听众来说是一种折磨。

小新是一个年仅5岁、正在幼儿园上学的小男孩。他内心早熟，喜欢欣赏并向美女搭讪。最初小新与父亲广志和母亲美伢组成一个三人家族。随后又添加了流浪狗小白，日子平凡琐碎却不乏温馨感动。随着故事展开，又加入了新的成员妹妹野原葵。作者臼井仪人从日常生活中的故事取材，叙述小新在日常生活中所发生的事情。小新是一个有点调皮的小孩，他喜欢别出心裁，富于幻想。

小新不仅深受小朋友的喜爱，也非常受大人们欢迎。小新最大的魅力在于他以儿童的纯真眼光略带调侃地看待世界。他的那些大人说来平淡无奇，而从儿童口里说出来令人捧腹大笑的语言，也是人们喜爱小新的重要原因。

图 9-2　大篇幅的文字影响讲述效果

听众阅读的速度远快于演讲者的朗读速度。换句话说，这样的"朗读"不仅徒劳无功，更让人昏昏欲睡。简单，是 PPT 设计最关键的设计法则。

所以，如图 9-3 所示的 PPT 一样不可取。

人工智能

人工智能（Artificial Intelligence），英文缩写为AI。它是研究、开发用于模拟、延伸和扩展人的智能的理论、方法、技术及应用系统的一门新的技术科学。

人工智能是计算机科学的一个分支，它企图了解智能的实质，并生产出一种新的能以人类智能相似的方式做出反应的智能机器，该领域的研究包括机器人、语言识别、图像识别、自然语言处理和专家系统等。人工智能从诞生以来，理论和技术日益成熟，应用领域也不断扩大，可以设想，未来人工智能带来的科技产品，将会是人类智慧的"容器"。人工智能可以对人的意识、思维的信息过程的模拟。人工智能不是人的智能，但能像人那样思考、也可能超过人的智能。

图 9-3　文字过多影响效果

2. 清晰的文字很重要

当然,有的 PPT 很简洁,构图也很美观,但又往往忽略了其他方面的设计,如图 9-4 所示。主副标题信息要完整,副标题不要喧宾夺主。不要将文字直接写在背景图片上,否则由于背景图很花,会让文字难以辨认。在文字后面加上半透明的白色背景,就完美地解决了这个问题,而且不影响图面的美观,如图 9-5 所示。

图 9-4   在背景图片上直接写文字

图 9-5   增加半透明的白色背景

3．不一样的自我简介

如果要做一个自我简介的 PPT，大家也许会做成如图 9-6 所示的样式。

图 9-6　平凡的自我简介

为什么不尝试用一种全新的方法制作一个自我简介呢？如图 9-7 所示。

图 9-7　不一样的自我简介

紫遥出生在……

现居住在……

喜欢阅读……

热爱……

图 9-7 不一样的自我简介（续）

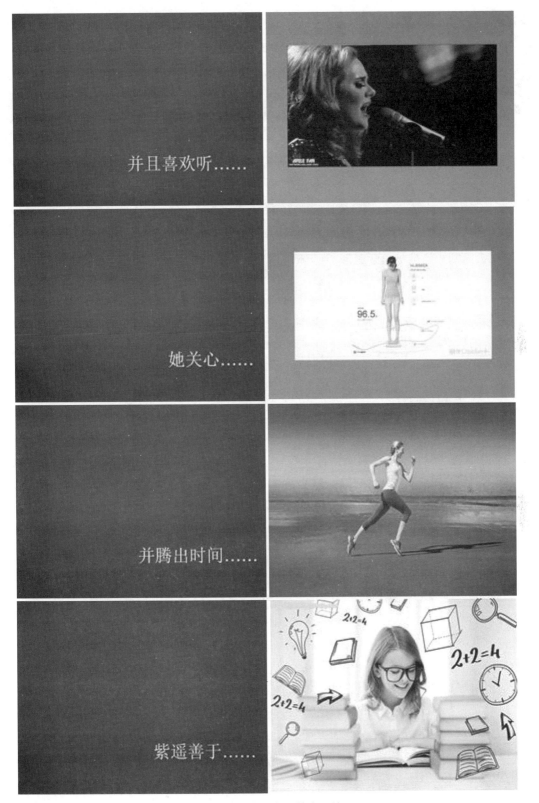

图 9-7 不一样的自我简介（续）

图 9-7　不一样的自我简介（续）

现在大家都知道谁是"紫遥"了吧？看了这个 PPT，有没有对自己的 PPT 设计有一点点启发呢？

请记住： 制作 PPT 的唯一目的，就是为了更好地沟通。

（1）客户永远是缺乏耐心的，所以他们绝对不会看长篇大论的文档。

（2）老板永远是没有时间的，所以他们没空听你唠唠叨叨讲个不停。

（3）听众永远是喜新厌旧的，所以他们不会喜欢中规中矩的文字和图片。

（4）学生永远是天马行空的，所以他们不会记住 PPT 上的公式和数据。

4．一目了然的重要性

听众可能没有时间思考，或者根本不愿意思考。这就意味着，演讲者设计的每一个页面应该是不言而喻、一目了然、能够自我解释的。PPT 设计的最高目标就是让每一页都能够不言而喻，普通用户只需要看一眼就知道它在讲什么。请看图 9-8 所示的 PPT，就知道一目了然有多重要了。

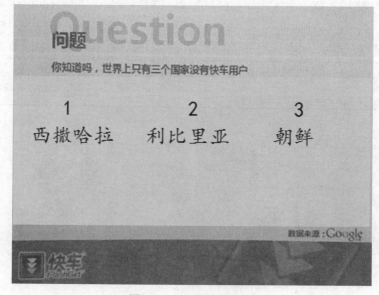

图 9-8　一目了然的设计

看到上面这个 PPT，内容不言而喻，意义绝对非同凡响，一下子就知道了"快车"业务的覆盖范围有多广。

5. 摆事实不如讲故事

都说交通事故猛如虎，如果大家听一场关于交通安全的报告，看到的是图 9-9 所示的 PPT。

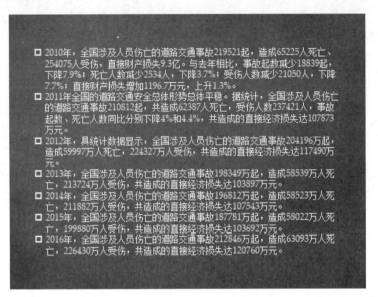

图 9-9 以文字呈现事实

看到这些数字大家觉得听众会为这些数字触动吗？也许有的人会说："媒体的话你也信，他们就是唯恐天下不乱！这些数字是从哪弄来的？自己编的吧？"

数据就是这样客观存在的、生硬的、没有感情的。如果想让听众产生共鸣，就必须讲大家都能听懂的故事。

如果数据转化为故事，如图 9-10 所示。

（a）沉思……

图 9-10 将数据转化为故事

（b）哀悼……

图 9-10   将数据转化为故事（续）

这样的故事胜过千言万语。

6. 字不如表，表不如图

请记住：字不如表，表不如图。这就是另外一条 PPT 设计准则。

也就是说，能用图的不要用表，能用表的不要用文字，一定要杜绝长篇大论。

如果有时候内容过多或者实在是无法用图表现的时候，就用表格来表现。表格最大的特点就是详尽的清单。演讲者如果想让单调的数字变得精彩，先要问自己两个问题：表格信息可否归类？能否图形化？如果答案是 YES，那就请发挥自己的聪明才智，将单调的文字改成图片，如图 9-11 所示。

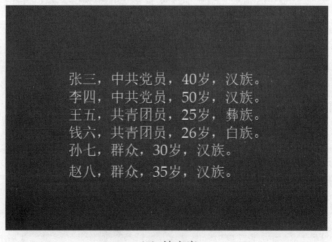

（a）纯文字

图 9-11   将单调的文字改成图片

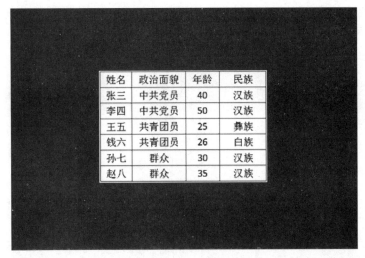

（b）将文字改成表格

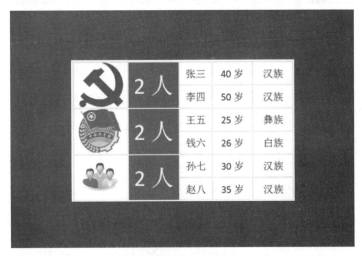

（c）将表格改成图

图 9-11　将单调的文字改成图片（续）

7. PPT 正文的傻瓜法则

（1）每页只有一个主题。

（2）不超过三种颜色。

（3）不要超过三种字体。

（4）插入的是图片而不是剪贴画。

8. PPT 中人物图片的处理

在 PPT 中会不可避免地涉及人物图片。对于人物图片，一般要遵守以下几条法则。

（1）人物视线朝向内侧。无论在任何图片中，眼睛永远都是视觉的中心，观众的目光也会很自然地移动到图片中人物的视觉方向。所以图片中人物的视线应该尽量朝向文字方向，如图 9-12 所示。

图 9-12　人物视线朝向内侧

（2）两张人物图片，视线平齐且目光相对，这样可以很自然地营造出谈话气氛，否则的话会有点散乱感，如图 9-13 所示。

图 9-13　图片中人物的视线关系

（3）注意图片的上下关系。在人与物的混搭图片中，要特别注意人与物的顺序，如图 9-14 所示。

以上给大家介绍了制作 PPT 的一些关键原则和要领，只有掌握正确的设计思想和方法，才有可能做出与众不同的 PPT，如图 9-15 所示。

这不是结束，而仅仅只是个开始，希望对读者今后制作 PPT 有所启发。很多时候我们缺的不是操作技巧，而是正确的思考方式，如图 9-16 所示。

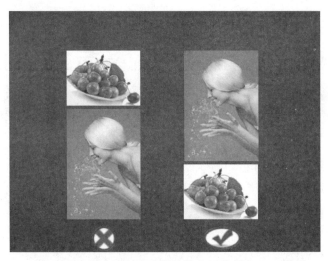

图 9-14   注意图片的上下关系

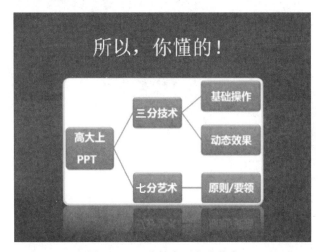

图 9-15   三分技术，七分艺术

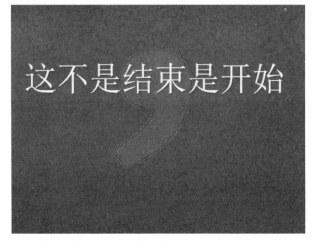

图 9-16   这不是结束，是开始

案例 10 美食展览会演示文稿制作

知识点：

● 掌握幻灯片主题的使用。
● 掌握幻灯片切换效果的设置。
● 掌握插入音频的设置。
● 掌握动画效果的设置。

10.1 案例简介

某美食展览会向全国饮食爱好者集中展示东北三省的特色餐饮，通过所给的素材和要求制作一个关于《东北美食》的演示文稿。

10.2 案例制作

打开"素材\东北美食"文件夹中的"东北美食.pptx"，根据文件夹下的素材，按照下列要求完善此文稿并保存。

10.2.1 操作要求

1．新建文稿

建立一个新演示文稿，文件名为"东北美食.pptx"。

2．页面设置

自定义幻灯片大小，宽度为 33.86 厘米，高度为 19.05 厘米。设计主题为夏至。

3．制作幻灯片

（1）制作第一张幻灯片，版式要求为"标题幻灯片"。标题内容为"东北美食"，删除副标题。字体为方正舒体，字号为 72 磅。

（2）制作第二张幻灯片，版式为"标题和内容"。在幻灯片上输入文字，文字内容及位置与示例幻灯片相同。

（3）制作第三张幻灯片，版式为"标题和内容"。

1）在幻灯片上输入文字，文字内容与示例幻灯片相同，文字位置见示例幻灯片。字体为方正舒体，字号为 28 磅，段落为首行缩进 1.24 厘米。

2）插入图片"哈尔滨锅包肉.jpg"。图片格式设置：高 7 厘米，宽 10 厘米。插入图片"哈尔滨小鸡炖蘑菇.jpg"，图片格式设置：高 6.6 厘米，宽 11 厘米。图片位置见示例幻灯片。

（4）制作第四张幻灯片，版式为"标题和内容"。

1）在第四张幻灯片上输入文字，文字内容与示例幻灯片相同。字体为方正舒体，字号为

28 磅，段落为首行缩进 1.24 厘米。

2）插入图片"长春冷面.jpg"，图片格式设置：高 10.7 厘米，宽 15.9 厘米。插入"长春白肉血肠.jpg"，图片格式设置：高 10.7 厘米，宽 15.9 厘米。图片位置见示例幻灯片。

（5）制作第五张幻灯片，版式为"标题和内容"。

1）在第五张幻灯片上输入文字，文字内容与示例幻灯片相同。

2）插入图片"沈阳满汉全席.jpg"，图片格式设置：高 7.6 厘米、宽 10 厘米，位置见示例幻灯片。

3）插入图片"沈阳老边饺子.jpg"，图片格式设置：高 6.6 厘米、宽 11 厘米，位置见示例幻灯片。

（6）制作第六张幻灯片，版式为"标题和内容"。

1）在第六张幻灯片上输入文字，文字内容与示例幻灯片相同。

2）插入图片"地三鲜.jpg"，图片格式设置：高 6.43 厘米、宽 9.5 厘米，位置见示例幻灯片。

3）插入图片"哈尔滨红肠.jpg"，图片格式设置：高 6.22 厘米、宽 10.64 厘米，位置见示例幻灯片。

4）插入图片"长春雪衣豆沙.jpg"，图片格式设置：高 6.6 厘米、宽 11.86 厘米，位置见示例幻灯片。

5）插入图片"开江鱼.jpg"，图片格式设置：高 7.23 厘米、宽 10.75 厘米，位置见示例幻灯片。

（7）制作第七张幻灯片，版式为"空白"。

插入艺术字，文字内容与示例幻灯片相同，格式为方正舒体（正文）、字号 115，文本框为高 10 厘米、宽 21 厘米、旋转 350°，文本效果为发光、红色、11pt 发光，强调文字颜色 3，映像为半映像、4pt 偏移量。

4. 设置音频

在第一张幻灯片中插入"09 亚特兰提斯之子.wma"，放映时隐藏，循环播放，直到停止。

5. 设置动画

（1）第二张幻灯片，文本的进入设置为"挥鞭式"，效果选项为"整批发送"；动画开始时间为"上一动画之后"，持续时间为 0.5 秒。

（2）第三张幻灯片。

1）文本的进入设置为"下拉"，效果选项为"按段落"；动画开始时间为"上一动画之后"，持续时间为 0.5 秒。

2）"哈尔滨小鸡炖蘑菇.jpg"的进入设置为"弹跳"，动画开始时间为"上一动画之后"，持续时间为 2 秒；强调设置为"脉冲"，动画开始时间为"上一动画之后"，持续时间为 0.5 秒；退出设置为"擦除"，效果选项为"自底部"，动画开始时间为"上一动画之后"，持续时间为 0.5 秒。

3）"哈尔滨锅包肉.jpg"进入设置为"旋转"，动画开始时间为"上一动画之后"，持续时间为 2 秒；强调设置为"陀螺旋"，动画开始时间为"上一动画之后"，持续时间为 2 秒；退出设置为"上浮"，动画开始时间为"上一动画之后"，持续时间为 1 秒。

（3）第四张幻灯片。

1）文本的进入设置为"挥鞭式"，效果选项为"整批发送"，动画开始时间为"上一动画之后",持续时间为 0.5 秒。

2)"长春冷面.jpg"的进入设置为"劈裂",效果选项为"左右向中央收缩",动画开始时间为"上一动画之后",持续时间为 0.5 秒；强调设置为"跷跷板",动画开始时间为"上一动画之后",持续时间为 0.5 秒；退出设置为"劈裂",效果选项为"左右向中央收缩",动画开始时间为"上一动画之后",持续时间为 0.5 秒。

3)"长春白肉血肠.jpg"的进入设置为"飞入",效果选项为"自左侧",动画开始时间为"上一动画之后",持续时间为 0.5 秒；强调设置为"闪烁",动画开始时间为"上一动画之后",持续时间为 1 秒；退出设置为"形状",效果选项为"缩小";动画开始时间为"上一动画之后",持续时间为 0.2 秒。

（4）第五张幻灯片。

1）文本的进入设置为"下拉",效果选项为"按段落",动画开始时间为"上一动画之后",持续时间为 0.5 秒。

2)"沈阳满汉全席.jpg"的进入设置为"浮入",效果选项为"向上",动画开始时间为"单击时",持续时间为 1 秒；动作路径设置为"直线",效果选项为"靠左",动画开始时间为"上一动画之后",持续时间为 2 秒；退出设置为"随机线条",效果选项为"水平",动画开始时间为"上一动画之后",持续时间为 0.5 秒。

3)"沈阳老边饺子.jpg"的进入设置为"浮入",效果选项为"向下",动画开始时间为"上一动画同时",持续时间为 1 秒；动作路径设置为"直线",效果选项为"右",动画开始时间为"上一动画同时",持续时间为 2 秒；退出设置为"随机线条",效果选项为"水平",动画开始时间为"上一动画同时",持续时间为 0.5 秒。

4)"沈阳满汉全席.jpg"和"沈阳老边饺子.jpg"的动画顺序见视频。

（5）第六张幻灯片。

1）文本的进入设置为"挥鞭式",效果选项为"整批发送",动画开始时间为"上一动画之后",持续时间为 0.5 秒。

2)"地三鲜.jpg"的进入设置为"缩放",效果选项为"对象中心";动画开始时间为"单击时",持续时间为 0.5 秒；退出设置为"缩放",效果选项为"对象中心",动画开始时间为"上一动画之后",持续时间为 0.5 秒。

3)"哈尔滨红肠.jpg"的进入设置为"缩放",效果选项为"对象中心",动画开始时间为"上一动画之后",持续时间为 0.5 秒；退出设置为"缩放",效果选项为"对象中心",动画开始时间为"上一动画之后",持续时间为 0.5 秒。

4)"长春雪衣豆沙.jpg"的进入设置为"缩放",效果选项为"对象中心",动画开始时间为"上一动画之后",持续时间为 0.5 秒；退出设置为"缩放",效果选项为"对象中心",动画开始时间为"上一动画之后",持续时间为 0.5 秒。

5)"开江鱼.jpg"的进入设置为"缩放",效果选项为"对象中心",动画开始时间为"上一动画之后",持续时间为 0.5 秒；退出设置为"缩放",效果选项为"对象中心",动画开始时间为"上一动画之后",持续时间为 0.5 秒。

6)"地三鲜.jpg""哈尔滨红肠.jpg""长春雪衣豆沙.jpg"和"开江鱼.jpg"的动画顺序见视频。

6．切换幻灯片

（1）第一张幻灯片切换为"闪耀"，效果选项为"从右侧闪耀的菱形"，持续时间为 3.9 秒，换片方式为"单击鼠标时"。

（2）第二张幻灯片切换为"闪光"，持续时间为 1 秒，换片方式为"单击鼠标时"。

（3）第三张幻灯片切换为"涡流"，效果选项为"自左侧"，持续时间为 4 秒，换片方式为"单击鼠标时"。

（4）第四张幻灯片切换为"蜂窝"，持续时间为 4.4 秒，换片方式为"单击鼠标时"。

（5）第五张幻灯片切换为"淡出"，效果选项为"平滑"，持续时间为 1 秒，换片方式为"单击鼠标时"。

（6）第六张幻灯片切换为"淡出"，效果选项为"平滑"，持续时间为 1 秒，换片方式为"单击鼠标时"。

（7）第七张幻灯片切换为"淡出"，效果选项为"平滑"，持续时间为 1 秒，换片方式为"单击鼠标时"。

打开"PPT_东北美食.pptx"，新增七张幻灯片。

10.2.2　操作步骤

1．新增幻灯片

新建演示文稿时，文稿中默认只有一张幻灯片，往往需要自行增加幻灯片。在此实例中，需要在演示文稿中新增七张幻灯片，新增的方法有以下三种：

（1）在普通视图的左窗格中，选中某张幻灯片后按下 Enter 键或 Ctrl+M 组合键，可在该张幻灯片后新建一张幻灯片。

（2）在普通视图的幻灯片/大纲窗格中右击，在弹出的快捷菜单中选择"新建幻灯片"，可在当前幻灯片后面新建一张幻灯片。

（3）选择一张幻灯片，在"开始"菜单下单击"新建幻灯片"可在当前幻灯片的后面新建一张幻灯片，如图 10-1 所示。

图 10-1　新建幻灯片

2．幻灯片版式和模板的使用

设计第一张幻灯片为"标题幻灯片"版式，第二张到第六张为"标题和内容"版式，第七张为"空白"版式。

幻灯片版式是 Power Point 软件中幻灯片内容在幻灯片上的排列方式。版式由占位符组成，而占位符可放置文字（例如标题和项目符号列表）和幻灯片内容（例如表格、图表、图片、形状和剪贴画）。占位符是一种带有虚线或阴影线边缘的框，在这些框内可以放置标题及正文，或者是图表、表格和图片等对象。

通过幻灯片版式的应用可以对文字、图片等更加合理简洁地完成布局，通常软件已经内置几个版式类型供用户使用，利用这些版式可以轻松完成幻灯片的制作和运用。一般情况下，演示文稿的第一张幻灯片用来显示标题，所以默认为"标题幻灯片"版式，设置幻灯片版式的方法有两种，可选择其中任意一种方法完成。

（1）第一种方法是选中一张幻灯片，单击"开始"选项卡，在"幻灯片"组中选择"版式"，在下拉列表中选中"标题和内容"版式，如图 10-2 所示。第二种方法是在选中的幻灯片上右击，在弹出的快捷菜单中选择"版式"→"标题和内容"。

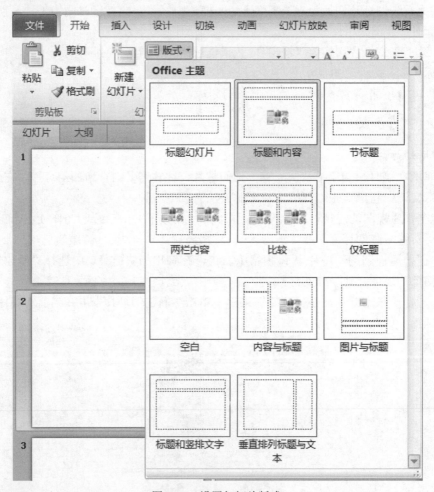

图 10-2　设置幻灯片版式

（2）根据要求选中其余的幻灯片并设置版式。

3．设置幻灯片页面格式

幻灯片大小为自定义，宽度为 33.86 厘米，高度为 19.05 厘米。设计"主题"为"夏至"。

（1）单击"设计"选项卡的"页面设置"，打开"页面设置"对话框，如图 10-3 所示。

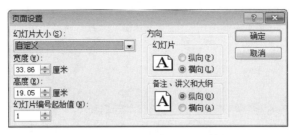

图 10-3   "页面设置"对话框

（2）幻灯片的主题设置是改变幻灯片外观的方法之一，所有幻灯片统一设置主题样式。单击"设计"→"主题"，在展开的所有主题中单击某种样式，则所有幻灯片都会应用该主题样式。若希望只有部分幻灯片采用该样式，如第一张幻灯片采用"夏至"，则把光标停留在"夏至"上右击，在弹出的快捷菜单中选择"应用于选定幻灯片"即可，如图 10-4 所示。

图 10-4   主题设置

4．制作幻灯片内容

接下来需要对幻灯片内容进行编辑，包括在幻灯片中添加文本、编辑文本、设置项目符号和编号等操作。

（1）制作第一张幻灯片，版式要求为"标题幻灯片"。标题内容为"东北美食"，删除副标题。将"ppt-素材.docx"的文档内容复制并粘贴到第一张幻灯片的标题处，选中副标题按 Delete 键删除。

（2）在第二张至第六张幻灯片上输入文字，文字内容及位置与示例幻灯片相同，文字位置见示例幻灯片。

（3）在第三张幻灯片插入"哈尔滨锅包肉.jpg"，图片格式设置为高 7.6 厘米、宽 10 厘米；插入"哈尔滨小鸡炖蘑菇.jpg"，图片格式设置为高 6.6 厘米、宽 11 厘米；位置见示例幻灯片。选中图片并右击，选择"大小和位置"，在弹出的"设置图片格式"对话框"尺寸和旋转"区域中的"高度"微调框中输入"7.6 厘米"，在"宽度"微调框中输入"10 厘米"，在"缩放比例"区域中勾选"相对于图片原始尺寸"，单击"关闭"按钮。第二张图片设置同上。重复上述操作，依次将"长春冷面.jpg""长春白肉血肠.jpg""沈阳满汉全席.jpg""沈阳老边饺子.jpg""地三鲜.jpg""哈尔滨红肠.jpg""长春雪衣豆沙.jpg""开江鱼.jpg"插入第三张至第六张幻灯片，并调整图片的位置。

5．设置音频

在第一张幻灯片中插入"09 亚特兰提斯之子.wma"，放映时隐藏，循环播放直到停止。

（1）选中第一张幻灯片，单击"插入"→"媒体"→"音频"打开"插入音频"对话框，选择音频文件"09 亚特兰提斯之子.wma"，如图 10-5 所示。

图 10-5　插入音频文件

　　单击"插入"按钮，把音频移动到合适的位置。设置音频图标的大小，单击"音频工具"→"格式"选项卡，在"大小"组中的高度微调框中输入"1.35 厘米"，在宽度微调框中输入"1.35 厘米"，如图 10-6 所示。

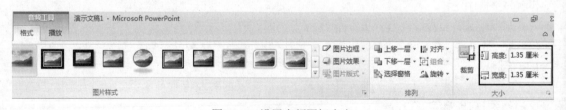

图 10-6　设置音频图标大小

　　（2）设置音频效果。单击"音频工具"→"播放"→"编辑"→"裁剪音频"按钮，弹出"剪裁音频"对话框，在"开始时间"微调框中输入"00:22"，在"结束时间"微调框中输入"01:45.506"，单击"确定"按钮，如图 10-7 所示。

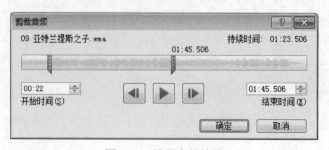

图 10-7　设置音频效果

6. 设置动画

将第二张幻灯片文本的进入设置为"挥鞭式"，效果选项为"整批发送"，动画开始时间为"上一动画之后"，持续时间为 0.5 秒。

（1）选择左边窗格第二张幻灯片，为第一个文本设置动画。单击"动画"中"动画"组的"其他"按钮，在下拉列表中选择"更多进入效果"，在"更改进入效果"对话框中选择"华丽型"→"挥鞭式"，单击"确定"按钮，如图 10-8 所示。

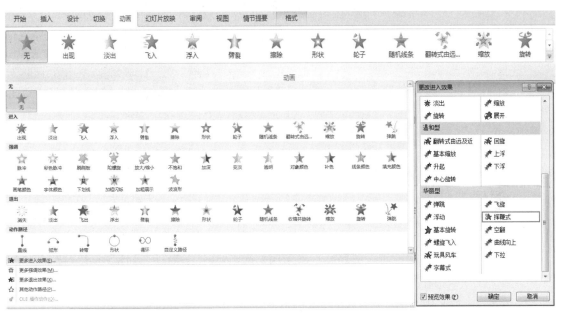

图 10-8　设置动画效果

（2）动画计时。单击"动画"选项卡，在"计时"组的"开始"下拉列表中选择"上一动画之后"，如图 10-9 所示。

利用动画刷设置第二个文本与第一个文本相同的动画，在"高级动画"组中单击"动画刷"，选择第二个文本框。

显示窗格。在"高级动画"组中单击"动画窗格"，在"动画窗格"中单击"播放"按钮显示动画效果，如图 10-10 所示。第二张幻灯片设置完成。

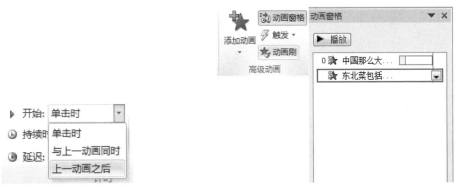

图 10-9　动画计时　　　　　　　　图 10-10　动画窗格

　　将第三张幻灯片文本的进入设置为"下拉",效果选项为"按段落",动画开始时间为"上一动画之后",持续时间为 0.5 秒。选择左边窗格第三张幻灯片,为文本设置动画。单击"动画"中"动画"组的"其他"按钮,在下拉列表中选择"更多进入效果",在"更改进入效果"对话框中选择"华丽型"→"下拉",在"效果选项"下拉列表中选择"按段落",再在"计时"组的"开始"下拉列表中选择"上一动画之后"。

　　"哈尔滨小鸡炖蘑菇.jpg"的进入设置为"弹跳",动画开始时间为"上一动画之后",持续时间为 2 秒;强调设置为"脉冲",动画开始时间为"上一动画之后",持续时间为 0.5 秒;退出设置为"擦除",效果选项为"自底部",动画开始时间为"上一动画之后",持续时间为 0.5 秒。

　　选择"哈尔滨小鸡炖蘑菇"图片,单击"动画"→"动画"组→"弹跳",再在"计时"组的"开始"下拉列表中选择"上一动画之后"。设置第二个动画,在"高级动画"组中单击"添加动画",选择"脉冲",再在"计时"组的"开始"下拉列表中选择"上一动画之后"。设置第三个动画,在"高级动画"组中单击"添加动画",选择"擦除",在"效果选项"下拉列表中选择"自底部",再在"计时"组的"开始"下拉列表中选择"上一动画之后"。

　　其他文本和动画设置同上。

7. 切换幻灯片

　　第一张幻灯片切换为"闪耀",效果选项为"从右侧闪耀的菱形",持续时间为 3.9 秒,换片方式为"单击鼠标时"。

　　选择第一张幻灯片,单击"切换"→"切换到此幻灯片"组的"其他"按钮,在下拉列表中选择"华丽型"→"闪耀",如图 10-11 所示。

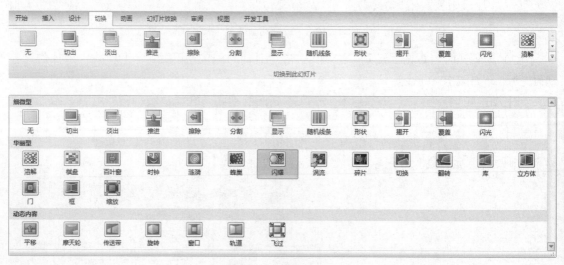

图 10-11　切换幻灯片

　　选择"切换"→"切换到此幻灯片"组→"效果选项"→"从右侧闪耀的菱形",如图 10-12 所示。

　　在"计时"组中的"声音"下拉列表中选择"无声音",这是因为已添加了声音文件。"切片方式"勾选"设置自动切换时间"并设置为 1 秒,如图 10-13 所示。

　　第三张至第七张幻灯片的切换效果,请参照要求自行设置。

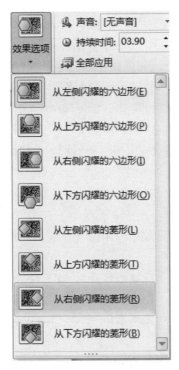

图 10-12　效果选项

图 10-13　设置自动切片时间

10.3　案例小结

本节主要学习了 Power Point 2010 中演示文稿的幻灯片、新增幻灯片、文本编辑、幻灯片版式、主题应用、动画效果的设置、切换效果等操作方法，合理使用声音可以增加演示文稿的交互性。其中动画是演示文稿的精华，可以为幻灯片中的对象赋予进入、退出、强调和动作路径等视觉效果。动画效果可以单独使用，也可以多种效果组合在一起，合理运用幻灯片切换和动画的组合可以使演示文稿变成一部影片。

10.4　拓展训练

按要求完成下列操作，制作演示文稿，幻灯片效果见文件"效果示例.mp4"。

1．新建文稿

建立一个新演示文稿，文件名为"PPT 综合设计.pptx"。

2．编辑幻灯片母版

（1）编辑幻灯片主母版。在幻灯片右下角插入"图片 2"，图片大小为高 9.75 厘米、宽 11.7 厘米，图片置于底层；标题格式为微软雅黑、字号 40、文字阴影，字体颜色为"橄榄色，强调文字颜色 3，深色 50%"；文本格式为无项目符号、微软雅黑，字体颜色为"黑色，文字 1"，首行缩进 1.27 厘米，1.5 倍行距。

（2）编辑标题幻灯片版式。在幻灯片中插入"图片 1"，图片大小为高 19.05 厘米、宽 25.4 厘米，图片置于底层，位置见文件"效果示例.mp4"；标题格式为华文中宋、字号 60、加粗、文字阴影，字体颜色为"橄榄色，强调文字颜色 3，深色 50%"；标题占位符大小为高 5.2 厘米、宽 14.4 厘米，调整占位符到幻灯片合适位置，位置见文件"效果示例.mp4"；删除副标题占位符。

（3）将编辑好的母版保存到当前主题中，文件名为"综合设计.pptx"。

3．制作幻灯片

（1）第一张幻灯片的版式为"标题幻灯片"，在其中输入文字"四川风光欣赏"。

（2）第二张幻灯片的版式为"标题和内容"，在其中输入文字，文字可从文件"文字素材.txt"中复制，文字内容见"效果示例.mp4"；在幻灯片中插入图片"青城山 1"和"青城山 2"。

（3）第三张幻灯片的版式为"标题和内容"，在其中输入文字，文字可从文件"文字素材.txt"中复制，文字内容见"效果示例.mp4"；在幻灯片中插入图片"峨眉山 1"和"峨眉山 2"。

（4）第四张幻灯片的版式为"标题和内容"，在其中输入文字，文字可从文件"文字素材.txt"中复制，文字内容见"效果示例.mp4"；在幻灯片中插入图片"九寨沟 1"和"九寨沟 2"。

（5）第五张幻灯片的版式为"空白"，在其中插入图片及输入相应文字，图片见文件"第五张幻灯片图片素材.pptx"，文字内容见"效果示例.mp4"，位置不限，可自行设置。

（6）第六张幻灯片的版式为"标题幻灯片"，在其中输入文字"还有……"。

4．设置图片格式

（1）设置第二张幻灯片。"青城山 1"的图片大小为"高 11.8 厘米、宽 15.42 厘米"，图片样式为"棱台矩形"；"青城山 2"的图片大小为"高 12.2 厘米、宽 16.3 厘米"，图片样式为"金属椭圆"。

（2）设置第三张幻灯片。"峨眉山 1"的图片大小为"高 11.85 厘米、宽 21.17 厘米"，图片样式为"矩形投影"；"峨眉山 2"的图片大小为"高 13.79 厘米、宽 17.64 厘米"，图片样式为"旋转，白色"。

（3）设置第四张幻灯片。"九寨沟 1"的图片大小为"高 12.88 厘米、宽 19.4 厘米"，图片样式为"柔化边缘矩形"；"九寨沟 2"的图片大小为"高 12.44 厘米、宽 20.15 厘米"，图片样式为"圆形对角，白色"。

5．插入音频

在第一张幻灯片的左下角插入音频"夜的钢琴曲.mp3"，音频选项设置为跨幻灯片播放，放映时隐藏。

6．设置动画

（1）设置第二张幻灯片。文本的进入动画为"形状"。效果选项：方向为"放大"，形状为"圆"，序列为"按段落"。图片"青城山 1"的进入动画为"翻转式由远及近"，退出动画为"轮子"，效果选项为"1 轮辐图案（1）"。图片"青城山 2"的进入动画为"缩放"，效果选项为"消失点"→"对象中心"，退出动画为"浮出"，效果选项为"方向"→"下浮"。动画顺序见文件"效果示例.mp4"。

（2）设置第三张幻灯片。文本的进入动画为"挥鞭式"。效果选项：序列为"按段落"，动画文本为"按字母"。图片"峨眉山 1"的进入动画为"劈裂"，效果选项为"方向"→"中央向上下展开"；退出动画为"随机线条"，效果选项为"方向"→"水平"。图片"峨眉山 2"的进入动画为"浮入"，效果选项为"方向"→"上浮"；退出动画为"玩具风车"。动画顺序见文件"效果示例.mp4"。

（3）设置第四张幻灯片。文本的进入动画为"飞入"，效果选项：方向为"自底部"，动画文本为"按字/词"。图片"九寨沟 1"和图片"九寨沟 2"的进入动画均为"字幕式"。动画顺序见文件"效果示例.mp4"。

（4）设置第五张幻灯片。"剑门关"图片及文字的进入动画均为"浮入"，效果选项为"方向"→"上浮"，两个动画同时启动。"乐山大佛"图片及文字的进入动画均为"轮子"，效果选项为"轮辐图案"→"8 轮辐图案（8）"，两个动画同时启动。"成都"图片及文字的进入动画均为"劈裂"，效果选项为"方向"→"中央向上下展开"，两个动画同时启动。"都江堰"图片及文字的进入动画均为"弹跳"，两个动画同时启动。"康定"图片及文字的进入动画均为"翻转式由远及近"，两个动画同时启动。动画顺序见文件"效果示例.mp4"。

（5）设置第六张幻灯片。文本的进入动画为"弹跳"。

7．设置幻灯片的切换

幻灯片的切换方式为"随机线条"，应用于所有幻灯片。

案例 11　网络连线实验

知识点:

- 掌握网线制作的方法并独立完成网线的制作。
- 掌握网线的色彩标记和连接方法。
- 掌握 RJ-45 水晶头的使用技巧和网线制作有关工具的使用。

11.1　案例简介

掌握使用双绞线作为传输介质的网络连接方法,学会制作两种类型的接头,掌握测试仪的使用方法。

11.2　案例制作

图 11-1 所示为实验工具和材料,包括网线(5 类双绞线)、RJ-45 水晶头、网线钳、网线测试仪(或万用表)。

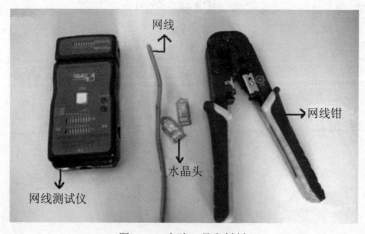

图 11-1　实验工具和材料

11.2.1　操作要求

(1)仔细阅读实验文档,确定实验环境中需要制作的网线的类型和需要使用的线序。

(2)非屏蔽双绞线的六种类型如表 11-1 所示。

表 11-1　非屏蔽双绞线的六种类型

类别	用途	应用领域
Cat 1	可传输语音，不用于传输数据，常见早期电话线路	电信系统
Cat 2	可传输语音和数据，常见于 ISDN 和 T1 线路	
Cat 3	带宽 16MHz，用于 10Base-T，制作质量要求高的 3 类线，也可用于 100Base-T	计算机网络
Cat 4	带宽 20MHz，用于 10Base-T 或 100Base-T	
Cat 5	带宽 100MHz，用于 10Base-T 或 100Base-T，制作质量要求高的 5 类线，也可用于 1000Base-T	
Cat 6	带宽高达 200MHz，可稳定地运行于 1000Base-T	

本实验使用的双绞线是 5 类线，由 8 根线组成，颜色分别为橙白、橙、绿白、绿、蓝白、蓝、棕白、棕。

（3）RJ-45 水晶头和双绞线线序。RJ-45 水晶头由金属片和塑料构成，特别需要注意的是引脚序号，当面对金属片时从左至右的引脚序号是 1～8，做网络连线时序号非常重要，不能搞错，RJ-45 水晶头如图 11 2 所示。

图 11-2　RJ-45 水晶头

工程中使用比较多的是 EIA/TIA-568-B（简称 T568B）打线方法，线序如下：

直通线（机器与交换机连接）：

引脚序号：

	1	2	3	4	5	6	7	8
A 端：	橙白，	橙，	绿白，	蓝，	蓝白，	绿，	棕白，	棕。
B 端：	橙白，	橙，	绿白，	蓝，	蓝白，	绿，	棕白，	棕。

交叉线（机器直连）：

引脚序号：	1	2	3	4	5	6	7	8
A 端：	橙白，	橙，	绿白，	蓝，	蓝白，	绿，	棕白，	棕。
B 端：	绿白，	绿，	橙白，	蓝，	蓝白，	橙，	棕白，	棕。

11.2.2　操作步骤

（1）利用斜口钳剪下所需要的双绞线长度，至少 0.6 米，最多不超过 100 米。然后再利用双绞线剥线器（用其他工具也可以）将双绞线的外皮除去 2～3 厘米。有些双绞线电缆上含有一条柔软的尼龙绳，如果在剥除双绞线的外皮时，觉得裸露出的部分太短而不利于制作

RJ-45 水晶头，可以紧握双绞线外皮，再捏住尼龙线往外皮的下方剥开，就可以得到较长的裸露线，如图 11-3 所示。

（2）剥线完成后的双绞线电缆如图 11-4 所示。

图 11-3　剥双绞线外皮

图 11-4　八芯非屏蔽双绞线

（3）接下来进行拨线的操作。将裸露的双绞线中的橙色对线、绿色对线、蓝色对线和棕色对线分别剥开。

（4）将绿色对线与蓝色对线放在中间位置，而橙色对线与棕色对线保持不动，即放在靠外的位置。调整线序为以下顺序：

左一：橙；左二：绿；左三：蓝；左四：棕。

（5）小心地剥开每一对线，白色混线朝前。因为是遵循 T568B 的标准来制作接头，所以线对颜色是有一定顺序的。

需要特别注意的是，绿色线应该跨越蓝色对线。这里最容易犯错的地方就是将白绿线与绿线相邻放在一起，这样会造成串扰，使传输效率降低。常见的错误接法是将绿色线放到第 4 只脚的位置。将绿色线放在第 6 只脚的位置才是正确的，因为在 100Base-T 网络中，第 3 只脚与第 6 只脚是同一对的，所以需要使用同一对线。左起：橙白、橙、绿白、蓝、蓝白、绿、棕白、棕，如图 11-5 所示。

图 11-5　按标准线序排列

（6）将裸露出的双绞线用剪刀或斜口钳剪下只剩约 14 毫米的长度，之所以留下这个长度是为了符合 EIA/TIA 的标准。可以参考有关 RJ-45 水晶头和双绞线制作的标准，如图 11-6 和图 11-7 所示。最后将双绞线的每一根线依序放入 RJ-45 接头的引脚内，第一只引脚内应该放橙白色的线，其余以此类推。

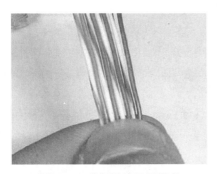

图 11-6　使每根线尽量笔直

图 11-7　把线剪齐

（7）确定双绞线的每根线已经正确放置之后，就可以用 RJ-45 网线钳压接 RJ-45 水晶头了，如图 11-8 所示。市面上还有一种 RJ-45 水晶头的保护套，可以防止在拉扯水晶头时造成接触不良。使用这种保护套时，需要在压接 RJ-45 水晶头之前就将这种胶套插在双绞线电缆上。

（8）重复步骤（2）到步骤（7），再制作另一端的 RJ-45 水晶头。因为工作站与交换机之间是直接对接，所以另一端 RJ-45 水晶头的引脚接法完全一样。完成后的连接线两端的 RJ-45 水晶头无论引脚和颜色都完全一样，这种连接方法适用于 ADSL Modem 和计算机网卡之间的连接，以及计算机和交换机之间的连接。完成的 RJ-45 水晶头，如图 11-9 所示。

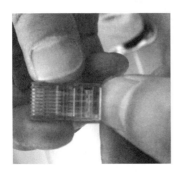

图 11-8　把线放入水晶头中

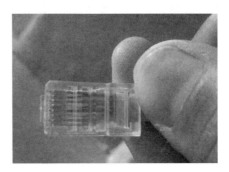

图 11-9　压制完成后的水晶头

11.3　案例小结

在制作过程中应注意，网线剥到与大拇指一样长就行了，一般为 2～3 厘米，有些双绞线电缆上含有一条柔软的尼龙绳，如果在剥除双绞线的外皮时，觉得裸露出的部分太短而不利于制作 RJ-45 水晶头，可以紧握双绞线外皮，再捏住尼龙线往外皮的下方剥开，就可以得到较长的裸露线。注意把线尽量抻直（不要缠绕）、压平（不要重叠）、挤紧理顺（朝一个方向紧靠），然后用网线钳把线头剪平齐，这样在双绞线插入水晶头后，每条线都能良好地接触水晶头中的插针，避免接触不良。如果以前剥的皮过长，可以将过长的细线剪短，保留去掉外层绝缘皮的部分约为 14 毫米，这个长度正好能将各细导线插入到各自的线槽中。如果该段留得过长，一来会由于线对不再互绞而增加串扰；二来会由于水晶头不能压住护套而可能导致电缆从水晶头中脱出，造成线路的接触不良甚至中断。

把水晶头的两端都做好后即可用网线测试仪进行测试,如果测试仪上 8 个指示灯都为绿色依次闪过,证明网线制作成功。如果出现任何一个灯为红灯或黄灯,都证明存在断路或者接触不良现象。此时最好先对两端水晶头用网线钳压一次再测,如果故障依旧,再检查两端芯线的排列顺序是否一样,如果不一样,则剪掉一端重新按另一端芯线排列顺序制作水晶头。如果芯线顺序一样,但测试仪在重测后仍显示红色灯或黄色灯,则表明其中肯定存在对应芯线接触不良。

使用测试仪或万用表测试连接逻辑正确与否。网线断路会导致无法通信,短路可能损坏网卡或交换机。使用制作的网线连接两台计算机(直接连接),测试网络连通与否(使用 ping 命令)。

11.4　拓展训练

1. 用 ipconfig/all 查看主机和网络参数并记下本机的 IP 地址。
2. 设置和停止共享目录,并让同桌的同学进行访问测试。
3. 映射网络驱动器及删除映射,并让同桌的同学进行访问测试。
4. 用 ping 测试网络是否连通,并让同桌的同学进行访问测试。
5. 用 tracert 命令跟踪从本机到目的地址所经过的路由。

案例 12　无线路由器的设置

知识点：

- 熟练掌握无线路由器的配置方法，包括静态 IP 和动态 IP 的配置方法。
- 能够自行配置无线路由器。
- 能够基本掌握路由器内的常用参数等。

12.1　案例简介

路由器设置旨在为搭建网络的初学者准备，技术含量不高，但是其繁琐的步骤让很多人望而却步。下面就向大家展示 TP-LINK 无线路由器具体操作的整个过程（有线路由可参考），让大家轻松掌握路由器的设置。

具备的硬件条件：路由器 1 个（可以为 4 口、8 口、16 口，甚至更多口），如果有很多台计算机，可以准备 1 个多口的路由器。网线（直通线）若干条，电信 Modem 1 个（如果安装了小区宽带就不需要 Modem 了），PC 至少 2 台（如果只有 1 台，虽然可以使用路由器，但是却失去了使用路由器的意义）。

12.2　案例制作

12.2.1　操作要求

掌握无线路由器的配置方法，包括静态 IP 和动态 IP 的配置方法。

12.2.2　操作步骤

（1）将 TP-LINK 无线路由器通过有线方式和一台计算机连接好后，在 IE 浏览器中输入 192.168.1.1 （一般在路由下面的标签中会标有此 IP 地址），用户名和密码默认为 admin，确定之后进入设置界面。

打开界面以后通常都会弹出一个设置向导的小页面，有一定经验的用户都会勾选"下次登录不再自动弹出向导"复选框并直接进行其他各项的设置。建议一般用户可单击"下一步"按钮进行简单的向导设置。

（2）通常 ASDL 拨号上网用户选择第一项 PPPoE 来进行下一步设置。但是局域网内或者通过其他特殊网络连接（如视讯宽带或通过其他方式上网等）的用户可以选择另外两项"以太网宽带"来进行下一步设置，如图 12-1 所示。这里选择 ADSL 拨号上网设置。到 ADSL 拨号上网的账号和口令输入界面，按照界面提示输入用户的网络供应商所提供的上网账号和密码，然后直接单击"下一步"按钮。

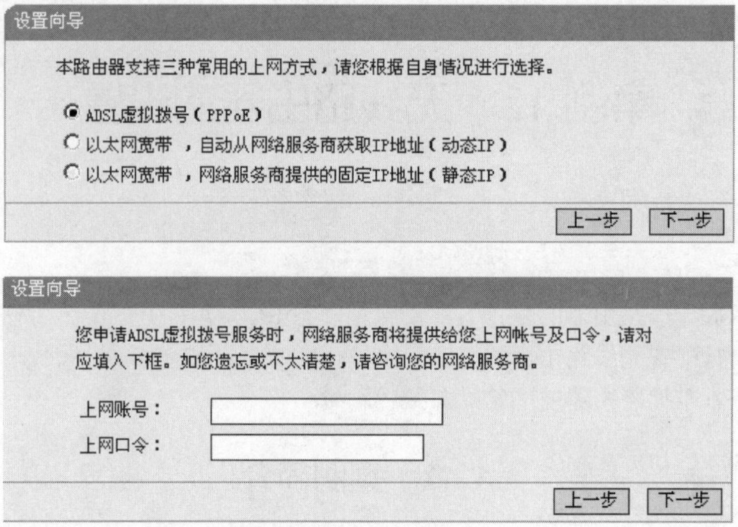

图 12-1   设置向导

（3）接下来可以看到无线状态、SSID、信道、模式、频段带宽、最大发送率等参数。检测不到无线信号的用户请留意一下自己的路由器无线状态是否已开启。

用户可以根据自己的爱好来修改添加 SSID 这一项，本项只是在无线连接时搜索连接设备后，能容易分别需要连接设备的识别名称而已。

另外，在"频段带宽"项的下拉列表中可以看到有 13 个数字可选，这里的设置只是路由的无线信号频段，如果附近有多台无线路由器，可以在本项设置使用其他频段来避免一些无线连接上的冲突。

在"模式"选项的下拉列表中可以看到 TP-LINK 无线路由的几个基本无线连接工作模式，54Mbps（802.11g）的最大工作速率为 54Mbps，300Mbps（802.11bgn）的最大工作速率为300Mbps，且向下兼容 11Mbps，如图 12-2 所示。

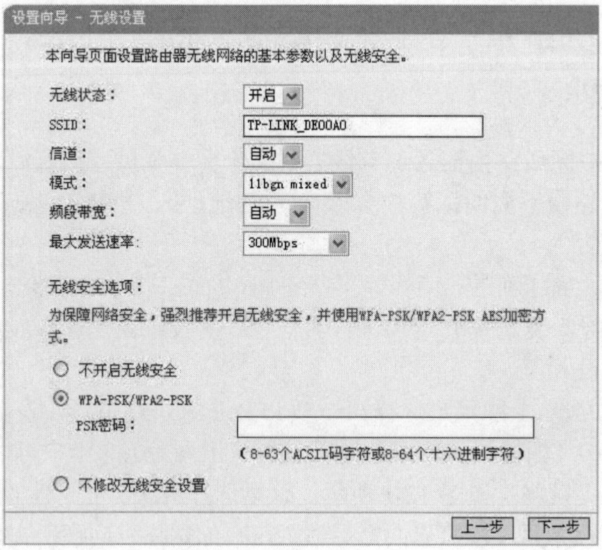

图 12-2   无线设置

（4）接下来的高级设置会简单地介绍一下每个设置选项的界面和设置参数。图 12-3 所示为显示运行状态的界面。上述对 TP-LINK 无线路由的设置都反映在此界面中，如果是 ADSL 拨号上网用户，单击本界面的"连接"按钮就可以直接连上网络，如果是以太网宽带用户则通过动态 IP 或固定 IP 连接上网，这里也会出现相应的信息。

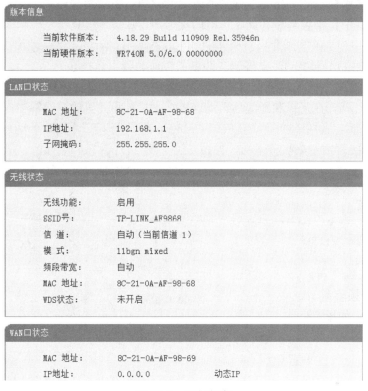

图 12-3　运行状态

（5）网络参数里的 LAN 口设置只要保持默认设置就可以了。对网络有一定认识的用户也可以根据自己的喜好来设置 IP 地址和子网掩码，只要注意不和其他工作站的 IP 有冲突，基本上都没太大问题。请记得在修改并单击"保存"按钮后重启路由器。

　　注意：当 LAN 口的 IP 参数（包括 IP 地址、子网掩码）发生变更时，为确保 DHCP 服务器能够正常工作，应保证 DHCP 服务器中设置的地址池、静态 IP 地址与新的 LAN 口 IP 是处于同一网段的，并请重启路由器，如图 12-4 所示。

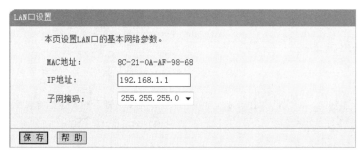

图 12-4　LAN 口设置

（6）TP-LINK 提供 7 种对外连接网络的方式，由于现在基本上家庭用户都是用 ADSL 拨号上网，因此这里主要介绍 ADSL 拨号上网的设置。

1）在"WAN 口连接类型"中选择 PPPoE，上网账号和上网口令输入网络供应商所提供的上网账号和密码就可以了。

2）在"特殊拨号"下拉列表中有三个选项，分别是正常拨号模式、特殊拨号模式 1、特殊拨号模式 2。其中正常拨号模式就是标准的拨号，特殊拨号模式 1 是破解西安星空极速的版本，特殊拨号模式 2 是破解湖北星空极速的版本。不是用户所在的地区就用正常拨号模式（有部分路由还有特殊拨号模式 3，是破解江西星空极速的版本）。

3）"第二连接"下面的区域中有四个选择对应的连接模式：①按需连接，在有访问时自动连接；②自动连接，在开机和断线后自动连接，在开机和关机的时候都会自动连接网络和断开网络；③定时连接，在指定的时间段自动连接；④手动连接，由用户手动连接。这里需要用户手动单击"连接"按钮来拨号上网，如图 12-5 所示。

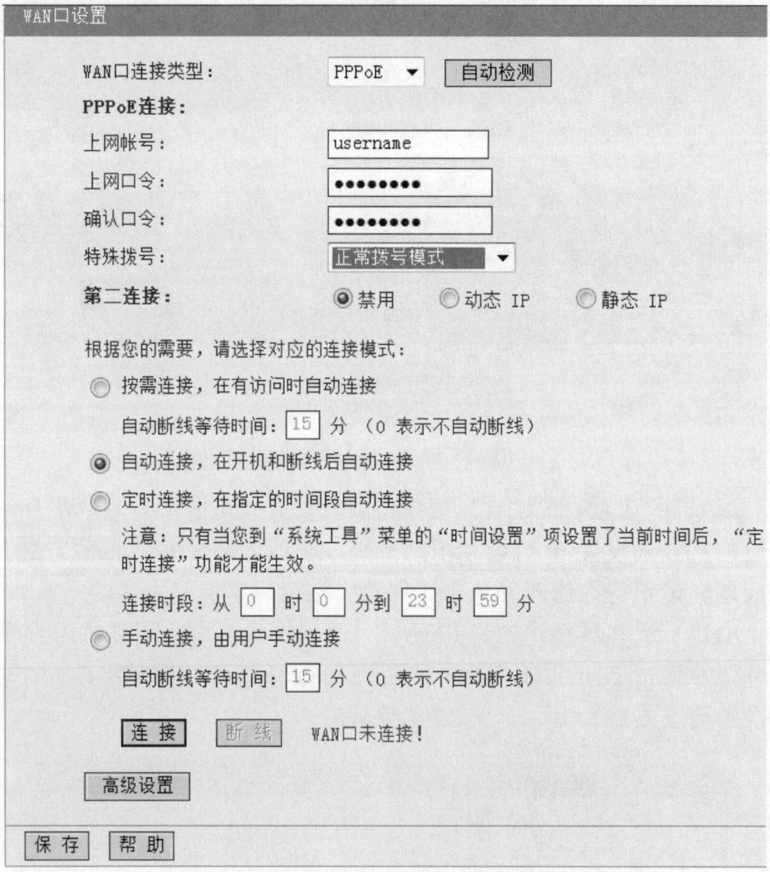

图 12-5 WAN 口设置

（7）"MAC 地址克隆"界面很简洁。有一个"恢复出厂 MAC"按钮和一个"克隆 MAC地址"按钮，保持默认设置就可以了。这里需要特别说明的是，有些网络运营商会通过一些手段来控制路由连接多机上网，这个时候用户可以克隆 MAC 地址来破除限制（但不是一定有效），如图 12-6 所示。

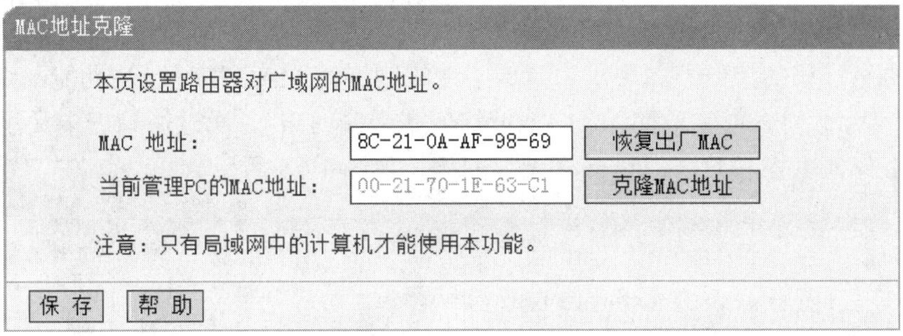

图 12-6　MAC 地址克隆

（8）"无线网络安全设置"界面是 TP-LINK 无线路由设置的重点，在此界面中可以设置一些无线网络的链接安全之类的参数。SSID、频段带宽和模式等设置可以参考（3）中的"设置向导-无线设置"部分。

开启安全设置也是一个很重要的选项。这里的安全类型主要有三种：不开启无线安全、WPA-PSK/WPA2-PSK、WPA/WPA2。

WPA-PSK/WPA2-PSK 是基于共享密钥的 WPA 模式。这部分的设置和下面的 WPA/WPA2 大致类同。注意，此处的 PSK 密码是 WPA-PSK/WPA2-PSK 的初始密码，最短为 8 个字符，最长为 63 个字符。

WPA/WPA2 用 Radius 服务器进行身份认证并得到密钥的 WPA 或 WPA2 模式。WPA/WPA2 和 WPA-PSK/WPA2-PSK 的加密算法都包括自动选择、TKIP 和 AES，如图 12-7 所示。

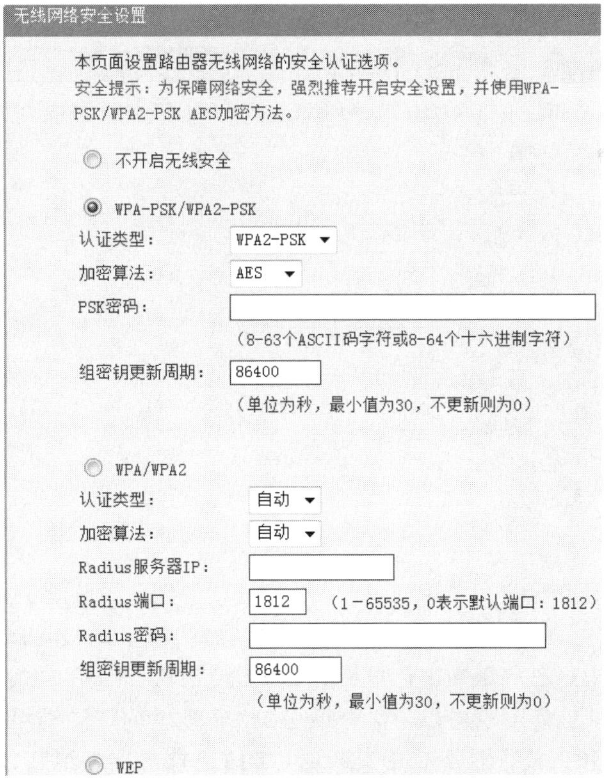

图 12-7　无线网络安全设置

（9）可以利用"无线网络 MAC 地址过滤设置"界面中的"MAC 地址过滤功能"对无线网络中的主机进行访问控制。如果用户开启了无线网络的 MAC 地址过滤功能，并且"过滤规则"选择了"禁止 列表中生效的 MAC 地址访问本无线网络"，而过滤列表中又没有任何生效的条目，那么任何主机都不可以访问本无线网络，如图 12-8 所示。

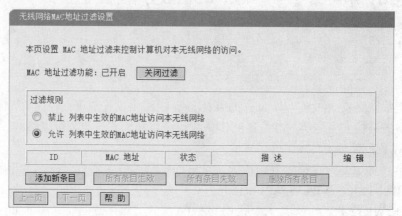

图 12-8　无线网络 MAC 地址过滤设置

（10）在设置完无线参数后，可以回到 TP-LINK 路由所有系列的基本设置界面中的 DHCP 服务设置。通常用户保留图 12-8 界面中的默认设置即可。建议在"DHCP 服务"界面的"DNS 服务器"文本框中填写网络供应商所提供的 DNS 服务器地址，这样有助于获得稳定快捷的网络连接，如图 12-9 所示。

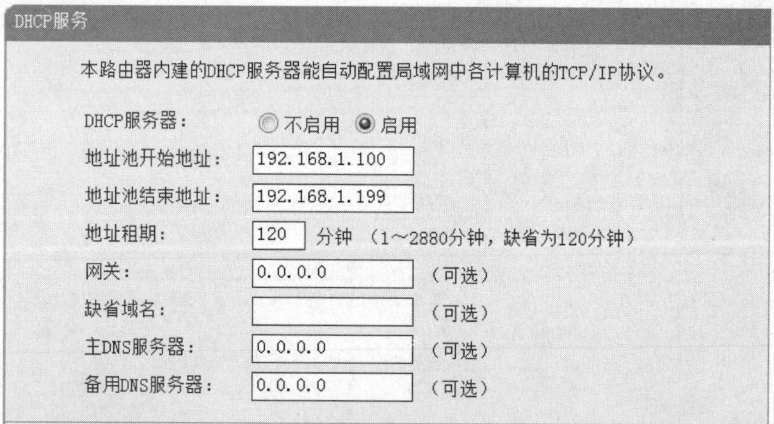

图 12-9　DHCP 服务

（11）在 DHCP 服务器的客户端列表里，用户可以看到已经分配了的 IP 地址、子网掩码、网关以及 DNS 服务器等（设置好后连接计算机才能看到），如图 12-10 所示。

（12）为了方便用户对局域网中计算机的 IP 地址进行控制，TP-LINK 路由器内置了静态地址分配功能。静态地址分配表可以为具有指定 MAC 地址的计算机预留静态的 IP 地址。之后，此计算机请求 DHCP 服务器获得 IP 地址时，DHCP 服务器将给它分配此预留的 IP 地址，如图 12-11 所示。

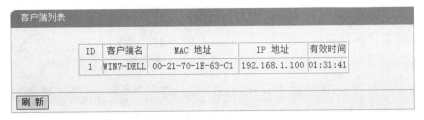

图 12-10　客户端列表

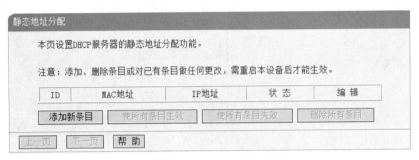

图 12-11　静态地址分配设置

（13）如果用户对网络服务有比较高的要求（如 BT 下载等），可以在转发规则中一一进行设置。虚拟服务器定义一个服务端口，所有对此端口的服务请求都将被重新定位给通过 IP 地址指定的局域网中的服务器。虚拟服务器设置界面如图 12-12 所示。

- 服务端口：WAN 端服务端口，即路由器提供给广域网的服务端口。用户可以输入一个端口号，也可以输入一个端口段，如 6001-6008。
- IP 地址：局域网中作为服务器的计算机的 IP 地址。
- 协议：服务器所使用的协议。
- 启用：只有选中该项后本条目所设置的规则才能生效。

服务端口可以通过单击"添加新条目"按钮进行添加，然后该服务端口等信息就会显示在下面的虚拟服务器列表中了。

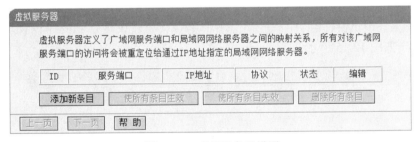

图 12-12　虚拟服务器设置

（14）某些程序需要多条网络连接，如 Internet 游戏、视频会议、网络电话等。由于防火墙的存在，这些程序无法在简单的 NAT 路由下工作。而特殊应用程序使得这样的应用程序能够在 NAT 路由下工作，其设置界面如图 12-13 所示。

- 触发端口：用于触发应用程序的端口号。
- 触发协议：用于触发应用程序的协议类型。

● 开放端口：当触发端口被探知后，在该端口上通向内网的数据包将被允许穿过防火墙，以使相应的特殊应用程序能够在 NAT 路由下正常工作。用户可以输入最多 5 组端口（或端口段），每组端口必须以英文符号"，"相隔。

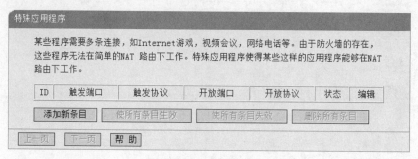

图 12-13 特殊应用程序

（15）在某些特殊情况下，需要让局域网中的一台计算机完全暴露给广域网，以实现双向通信，此时可以把该计算机设置为 DMZ 主机。注意，设置 DMZ 主机之后，与该 IP 相关的防火墙设置将不起作用。

DMZ 主机设置：首先在"DMZ 主机 IP 地址"文本框内输入要设为 DMZ 主机的局域网计算机的 IP 地址，然后选中"启用"单选按钮，最后单击"保存"按钮完成 DMZ 主机的设置，如图 12-14 所示。

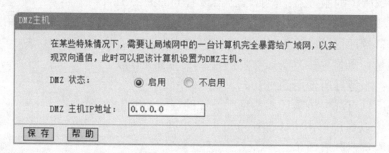

图 12-14 DMZ 主机设置

（16）如果使用迅雷、电驴、快车等 BT 下载软件，建议开启 UPnP 设置，这样能加快 BT 下载速度，如图 12-15 所示。

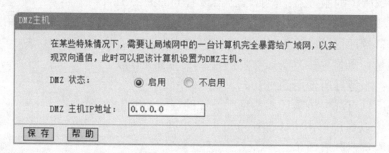

图 12-15 UPnP 设置

（17）普通家用路由器的内置防火墙功能比较简单，只能满足普通大众用户的基本安全要求。不过为了上网能多一层保障，开启家用路由器自带的防火墙也是个不错的选择。在"防火墙设置"界面中可以选择开启一些防火墙功能，如 IP 地址过滤、域名过滤、MAC 地址过滤、高级安全设置等。开启这些功能以后，其相应的各类安全功能设置则生效，如图 12-16所示。

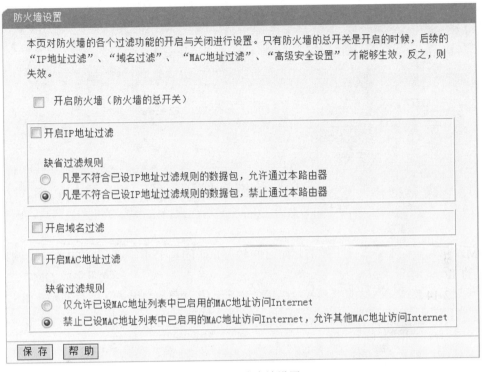

图 12-16　防火墙设置

（18）在"IP 地址过滤"界面中，可通过数据包过滤功能来控制局域网中计算机对互联网上某些网站的访问，如图 12-17 所示。

- 生效时间：本条规则生效的起始时间和终止时间。时间按 hhmm 格式输入，例如 0803表示 8 时 3 分。
- 局域网 IP 地址：局域网中被控制的计算机的 IP 地址，为空表示对局域网中所有计算机进行控制。用户也可以输入一个 IP 地址段，例如 192.168.1.20-192.168.1.30。
- 局域网端口：局域网中被控制的计算机的服务端口，为空表示对该计算机的所有服务端口进行控制。用户也可以输入一个端口段，例如 1030-2000。
- 广域网 IP 地址：广域网中被控制的网站的 IP 地址为空则表示对整个广域网进行控制。用户也可以输入一个 IP 地址段，例如 61.145.238.6-61.145.238.47。
- 广域网端口：广域网中被控制的网站的服务端口为空表示对该网站所有服务端口进行控制。用户也可以输入一个端口段，例如 25-110。
- 协议：被控制的数据包所使用的协议。
- 通过：符合本条目所设置规则的数据包可以通过路由器，否则该数据包将不能通过路由器。
- 状态：查看本条目所设置规则的当前状态。

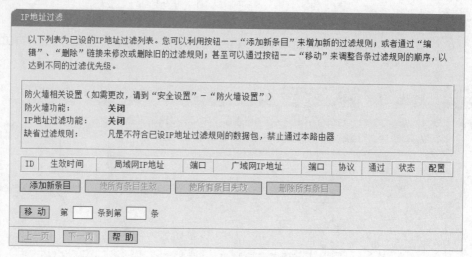

图 12-17   IP 地址过滤

（19）在"域名过滤"界面中可以使用域名过滤功能来指定不能访问哪些网站，如图 12-18 所示。

- 生效时间：本条规则生效的起始时间和终止时间。时间按 hhmm 格式输入，例如 0803 表示 8 时 3 分。
- 域名：被过滤网站的域名或域名的一部分，为空表示禁止访问所有网站。如果在此处填入某一个字符串（不区分大小写），则局域网中的计算机将不能访问所有域名中含有该字符串的网站。
- 状态：查看本条目所设置规则的当前状态。

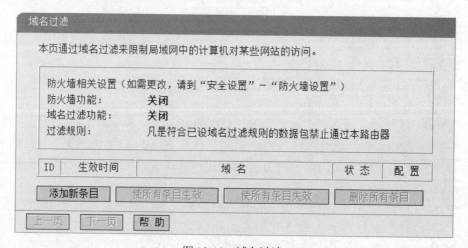

图 12-18   域名过滤

（20）在"MAC 地址过滤"界面中可以通过 MAC 地址过滤功能来控制局域网中计算机对 Internet 的访问，如图 12-19 所示。

- MAC 地址：局域网中被控制的计算机的 MAC 地址。
- 描述：对被控制的计算机的简单描述。
- 状态：查看本条目所设置规则的当前状态。

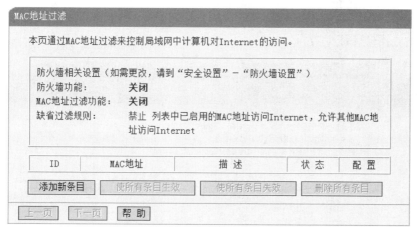

图 12-19　MAC 地址过滤

（21）在"远端 WEB 管理"界面中可以设置路由器的 WEB 管理端口和广域网中可以执行远端 WEB 管理的计算机的 IP 地址，如图 12-20 所示。

- WEB 管理端口：可以执行 WEB 管理的端口号。
- 远端 WEB 管理 IP 地址：广域网中可以执行远端 WEB 管理的计算机的 IP 地址。

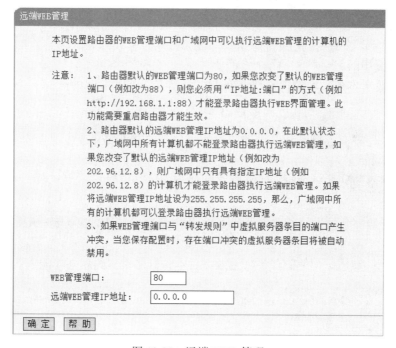

图 12-20　远端 WEB 管理

（22）"高级安全选项"界面如图 12-21 所示。

- 数据包统计时间间隔：对当前这段时间里的数据进行统计，如果统计得到的某种数据包（例如 UDP Flood）达到了指定的阈值，那么系统将认为 UDP Flood 攻击已经发生，如果 UDP Flood 过滤已经开启，那么路由器将会停止接收该类型的数据包，从而达到防范攻击的目的。

● DoS 攻击防范：这是开启以下所有防范措施的总开关，只有选择此项后，下面的几种防范措施才能生效。

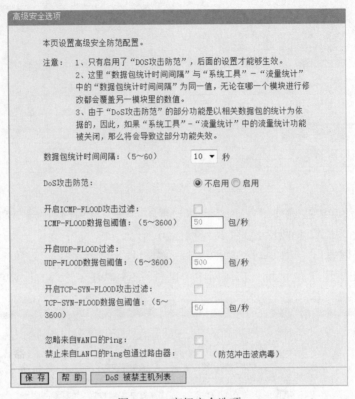

图 12-21　高级安全选项

（23）如果用户有连接其他路由的需要，可以在"静态路由表"界面中进行设置，如图 12-22 所示。

● 目的网络地址：要访问的网络或主机 IP 地址。

● 子网掩码：输入子网掩码。

● 网关：数据包被发往的路由器或主机的 IP 地址。该 IP 必须与 WAN 口或 LAN 口属于同一个网段。

● 状态：只有选择"使所有条目生效"后本条目所设置的规则才能生效。

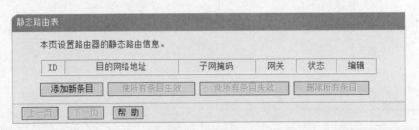

图 12-22　静态路由表

（24）动态 DNS 是部分 TP-LINK 路由器的一个新的设置内容。这里所提供的"oray.com 花生壳 DDNS"是用来解决动态 IP 问题的。针对大多数不使用固定 IP 地址的用户，通过动态域名解析服务可以经济、高效地构建自身的网络系统，如图 12-23 所示。

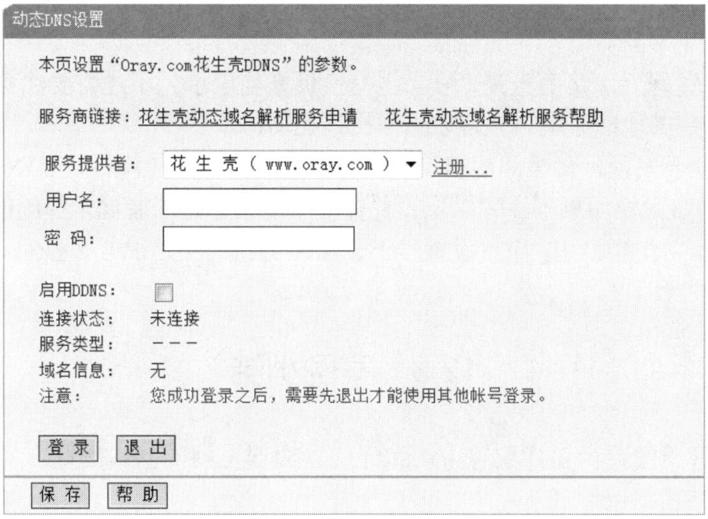

图 12-23　动态 DNS 设置

经过以上设置，一个路由器就可以发挥路由功能了。路由功能适合多人共用一个账号上网的场合，只需要把进户线插到路由器的 WAN 口，其他有线用户插到 LAN 口（或通过无线）就可以了。

另外，有种情况是每个人都有自己的账号，虽然大家共用一个路由器，但希望自己使用自己的账号，互相不干扰。这时，可以把路由器变为交换机，只需要把进户线插到 LAN 口，其他有线用户也插到 LAN 口（或通过无线）即可。

下面以使用用户最多的 TP-LINK 路由器为例，为大家介绍路由器当交换机使用时主要进行的设置，其他品牌路由器与此类似。步骤如下：

（1）登录路由器管理界面。在浏览器中输入默认的路由器登录地址，一般默认是 192.168.1.1，如果不是此地址，请查看路由器外壳上的铭牌。

（2）进入路由器管理界面之后，选择左侧菜单栏"DHCP 服务器"→"DHCP 服务"，单击"不启用"单选按钮并保存，如图 12-24 所示。

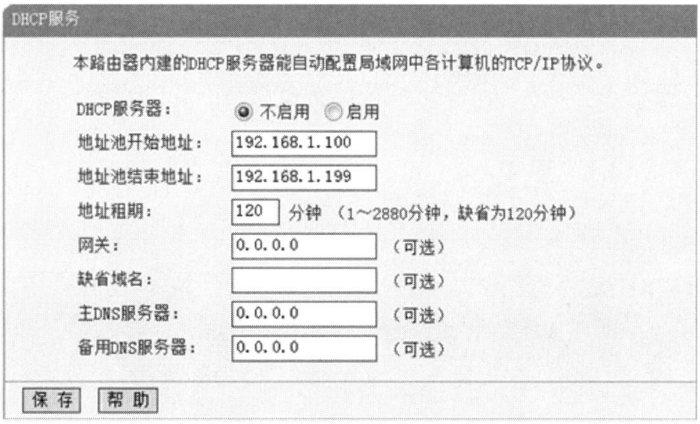

图 12-24　设置不启用 DHCP 服务器

（3）在左侧菜单栏中选择"网络参数"→"LAN 口设置"，将 LAN 口的 IP 地址改为 192.168.1.254 或者其他 IP 地址，只要不与别的计算机本地 IP 地址冲突即可，建议统一改成 192.168.1.254。

（4）以上设置好后，路由器就可以当作交换机来使用了。不过需要注意的是，路由器的 WAN 端口不可用，其他四个端口就可以当作交换机端口了。

可能很多同学会发现，如果路由器不设置，只要不用 WAN 端口，LAN 端口照样可以当交换机用。但有些路由器如果不经过以上设置会有网络不稳定或者偶尔掉线的情况发生，因此如果希望将路由器当交换机用，简单设置一下让交换更稳定还是很有必要的，如果以后又要用作路由器，还原设置即可。

12.3　案例小结

本节要求掌握无线路由器的配置方法和无线路由器上网的基本配置，实现安全接入；掌握 DHCP 原理和路由协议原理。

案例 13 综合案例

本节内容主要通过多个 Word、Excel、PowerPoint 的特殊案例加强对办公软件知识点的运用，让读者在实际应用中把所学的知识点熟练运用。本节对重复的知识点不再展开讲解，只对之前没有出现的知识点进行讲解。

13.1 专业论文排版

长春某大学信息传播学院老师撰写了一篇名为"基于××××××"的学术论文，拟投稿于该大学学报。根据该学报相关要求，论文必须按照该学报的论文样式进行排版。

请根据"素材"文件夹下"短论文.docx"和相关图片文件等素材完成排版任务，具体要求如下：

（1）将文件"短论文.docx"另存为"论文正样.docx"，并在此文件中完成所有要求，最终排版不超过 5 页，样式可参考"素材"文件夹下的"论文正样 1.jpg"～"论文正样 5.jpg"。

（2）论文页面设置为 A4 幅面，上下左右边距分别为 3.5 厘米、2.2 厘米、2.5 厘米和 2.5 厘米。论文页面只指定行网格（每页 42 行），页脚距边距 1.4 厘米，在页脚居中位置设置页码。

（3）论文正文前的内容，段落不设首行缩进，其中论文标题、作者、作者单位的中英文部分均居中显示，其余为两端对齐。文章编号为黑体小五号字。论文标题（红色字体）大纲级别为 1 级、样式为标题 1，中文为黑体，英文为 Times New Roman，字号为三号。作者姓名的字号为小四，中文为仿宋，西文为 Times New Roman。作者单位、摘要、关键字、中图分类号等中英文部分字号为小五，中文为宋体，西文为 Times New Roman，其中摘要、关键字、中图分类号等中英文内容的第一个词（冒号前面的部分）设置为黑体。

13.1.1 设置字体上下标

参考"论文正样 1.jpg"示例，将作者姓名后面的数字和作者单位前面的数字（含中文、英文两部分）设置成正确的格式。

设置字体上下标经常用于标注作者或者是数学公式中。

操作步骤如下：

（1）选中作者姓名后面的数字（含中文、英文两部分），选择"开始"选项卡，单击"字体"组中的上标按钮 ×²，如图 13-1 所示。

图 13-1 字体上下标设置

（2）选中作者单位前面的数字（含中文、英文两部分），按（1）中的操作方式单击下标按钮 $\times_{\text{。}}$ 设置下标。

13.1.2　插入公式

请在第 4 页的"对于两个模式 $A=\{a_1,a_2,\cdots,a_n\}$ 和 $B=\{b_1,b_2,\cdots,b_n\}$，有"和"设 Ω 是一个非空集合，如果对于 Ω 中的任何一个元素 A、B，"两段之间插入下面的公式，并居中对齐。

$$\eta(A,B)=\left(\frac{1}{n}\sum_{i=1}^{n}\left|\frac{a_i}{\max\{|a_j|\}}-\frac{b_i}{\max\{|b_j|\}}\right|^q\right)^{\frac{1}{q}},\quad j=1,2,\cdots,n \tag{1}$$

在编辑一些专业研究文档时，可能会涉及到一些复杂公式的录入，Word 为解决这类公式的录入提供了插入公式的功能。

操作步骤如下：

（1）为了让公式能更方便文档的分栏操作，首先插入一个 1 行 2 列的表格。

（2）选择表格的第 1 个单元格，选择"插入"选项卡，单击"符号"组中的"公式"，系统提供了一部分的内置公式，如果没有用户需要的公式，可以选择"插入新公式"来创建，如图 13-2 所示。

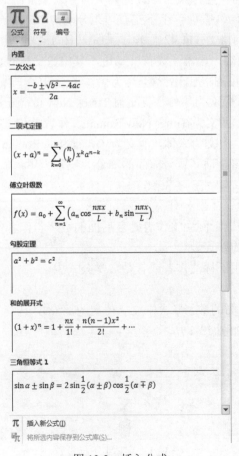

图 13-2　插入公式

（3）单击"插入新公式"后，在插入点插入了 1 个文本框（提示文字为"在此处键入公式"），菜单切换到"公式工具"的"设计"选项卡，如图 13-3 所示，用户根据公式使用"设计"选项卡中的符号进行录入，录入的时候注意从左到右、从外到内的原则。

图 13-3 "设计"选项卡

13.1.3 分栏与相似文本设置

自正文开始到参考文献列表为止，页面布局分为对称两栏。正文（不含图、表和独立成行的公式）为五号字（中文为宋体，西文为 Times New Roman），首行缩进 2 字符，行距为单倍行距。表注和图注为小五号字（表注中文为黑体，图注中文为宋体，西文均用 Times New Roman），居中显示，（注意，表 1、表 2 的"表"字与数字之间没有空格）。参考文献列表为小五号字，中文为宋体，西文均用 Times New Roman，采用项目编号，编号格式为[序号]。

将文档中的文本分成两栏或多栏是文档排版编辑中的一个基本方法，主要用于报纸或者期刊杂志中。

操作步骤如下：

（1）选中正文文本及参考文献，选择"页面布局"选项卡，单击"页面设置"组中的"分栏"，在其下拉列表中选择"两栏"选项。如有特殊设置，例如分三栏、加分隔线等操作，可以选择"更多分栏"，打开"分栏"对话框进行设置，如图 13-4 所示。

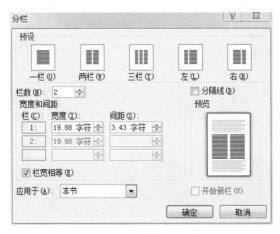

图 13-4 "分栏"对话框

注意：当需要分栏的文字较少，页面空白行比较多时，在分栏时不能选择段落的最后一个段落标记，否则系统会把空白的行一起进行分栏，造成文字分栏后全部在第一栏。

在对文档的格式进行修改的时候，需要知道文档的格式是什么样的，哪些文档的格式是不符合要求的。尤其在写论文的时候，各部分的字体、大小都有严格的规定，有时候难以分辨文字的细微差别，这时就可以利用 Word 的特定功能来选中相同格式的文本，这样就可以快速地找到文本的格式了。

（2）选择正文第一段文本，选择"开始"选项卡，单击"编辑"组中的"选择"，在弹出的下拉列表中选择"选择格式相似的文本"选项，如图 13-5 所示。选择文本后，在最后一页，按 Ctrl 键并选择"参考文献"的英文部分，在"字体"组中将"字号"设为"五号"，"字体"设为"宋体"，然后再将"西文字体"设为 Times New Roman。

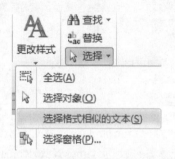

图 13-5　选择格式相似的文本

（3）确定上一步选择的文本处于选择状态，在"段落"选项组中单击对话框启动器，弹出"段落"对话框，选择"缩进和间距"选项卡，在"缩进"组中将"特殊格式"设为"首行缩进"，"磅值"设为 2 字符，在"间距"组中，将"行距"设为"单倍行距"，单击"确定"按钮。

（4）选中所有的中文表注将"字体"设为"黑体"，"字号"设为"小五"，在"段落"选项组中单击"居中"按钮。

（5）选中所有的中文图注将"字体"设为"宋体"，"字号"设为"小五"，在"段落"选项组中单击"居中"按钮。

（6）选中所有的英文表注与图注将"字体"设为 Times New Roman，"字号"设为"小五"，在"段落"选项组中单击"居中"按钮。

（7）选中所有的参考文献，将"字体"设为"宋体"，再将"字体"设为 Times New Roman，"字号"设为"小五"。

（8）确认参考文献处于选中状态，在"段落"选项组中单击"编号"按钮，在其下拉列表中选择"定义新编号格式"选项，弹出"定义新编号格式"对话框，将"编号格式"设为[1]，并单击"确定"按钮。

13.1.4　多级列表设置

素材中黄色字体部分为论文的第一层标题，大纲级别 2 级，样式为标题 2，多级项目编号格式为"1、2、3…"，字体为黑体、黑色、四号，段落行距为最小值 30 磅，无段前段后间距。素材中蓝色字体部分为论文的第二层标题，大纲级别 3 级，样式为标题 3，对应的多级项目编号格式为"2.1、2.2…3.1、3.2…",字体为黑体、黑色、五号,段落行距为最小值 18 磅,段前段后间距为 3 磅,其中参考文献无多级编号。

Word 多级列表编号与添加项目符号或编号列表相似,但是多级列表中每段的项目符号或编号会根据段落的缩进范围而变化。Word 多级列表编号是在段落缩进的基础上使用 Word 格式中项目符号和编号菜单的多级列表功能,自动地生成最多达九个层次的符号或编号。

操作步骤如下:

(1)选中第一个黄色字体,利用"选择格式相似的文本"功能选择所有的二级标题。选择"开始"选项卡,在"样式"选项组中选中"标题 2"样式,右击鼠标,在弹出的快捷菜单中选择"修改"选项,弹出"修改样式"对话框,将"字体"设为"黑体","字体颜色"设为"黑色","字号"设为"四号"。

(2)单击"格式"按钮,在弹出的下拉列表中选择"段落",弹出"段落"对话框。选择"缩进和间距"选项卡,在"常规"组中将"大纲级别"设为"2 级",在"间距"组中将"行距"设为"最小值"、"设置值"设为"30 磅"、"段前"和"段后"都设为"0 行"。

(3)按上述的方法对蓝色字体(三级标题)按要求格式进行修改。

(4)将光标放置于第一个二级标题处,选择"开始"选项卡,在"段落"组中单击"多级列表",在弹出的下拉列表中选择"定义新的多级列表"选项,弹出"定义新多级列表"对话框,选择"单击要修改的级别"为 1,单击"更多"按钮,将"将级别链接到样式"设为"标题 2",将"起始编号"设为 1,如图 13-6 所示。

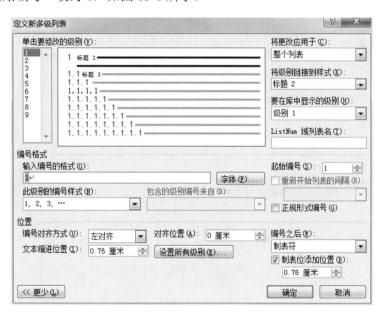

图 13-6　二级标题多级列表设置

(5)选择"单击要修改的级别"为 2,将"将级别链接到样式"设为"标题 3","起始编号"为 1,如果"输入编号的格式"文本框中只出现一个数字"1",则要将"包含的级别编号来自"设置为"级别 1",这时在"输入编号的格式"文本框中会多出现一个数字,这个数字就是来自于"标题 2",在两个数字间输入".",则得到"X.X"的标题格式,单击"确定"按钮,完成多级列表编辑,如图 13-7 所示。如有三级标题可以按此方法依次设置。

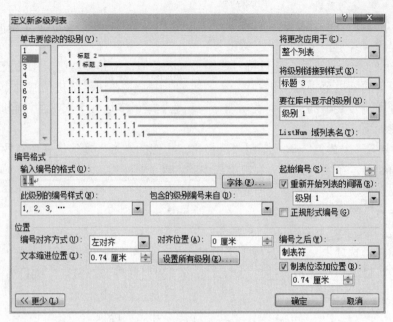

图 13-7　三级标题多级列表设置

13.2　停车场收费统计表

为让利消费者，提供更优惠的服务，某大型收费停车场规划调整收费标准，拟将收费政策从原来"不足 15 分钟按 15 分钟收费"调整为"不足 15 分钟不收费"。市场部抽取了 5 月 26 日至 6 月 1 日的停车收费记录进行数据分析，以期掌握该项政策调整后营业额的变化情况。请根据"素材"文件夹下"停车场收费统计表.xlsx"中的各种表格，帮助市场分析员小罗完成此项工作。具体要求如下：

将"停车场收费统计表.xlsx"文件另存为"停车场收费政策调整情况分析.xlsx"，所有的操作基于此新保存好的文件。

13.2.1　计算收费标准和停放时间

在"停车收费记录"表中，涉及金额的单元格格式均设置为保留两位的数值类型。依据"收费标准"表，利用公式将收费标准对应的金额填入"停车收费记录"表中的"收费标准"列；利用"出场日期、时间"与"进场日期、时间"的关系计算"停放时间"列，单元格格式为时间类型的"XX 时 XX 分"。

操作步骤如下：

（1）选中 E、K、L、M 列单元格，切换至"开始"选项卡，在"数字"选项组中单击右下角的对话框启动器按钮，打开"设置单元格格式"对话框，在"数字"选项卡的"分类"中选择"数值"，在"小数位数"后的微调框中输入 2，单击"确定"按钮。

（2）选择"停车收费记录"表中的 E2 单元格，参照案例 7 中 VLOOKUP 函数的使用方法，将"收费标准"表中的对应金额填入"停车收费记录"，最后编辑栏的公式应为"=VLOOKUP(C2,收费标准!A\$3:B\$5,2,0)"，然后向下拖动将数据进行填充。

（3）选中 J 列单元格，然后切换至"开始"选项卡，单击"数字"选项组中的对话框启动器按钮，打开"设置单元格格式"对话框，在"分类"选项组中选择"时间"，将"时间"类型设置为"XX 时 XX 分"，单击"确定"按钮。

（4）计算停放时间，公式应为"停放时间=(出场日期-进场日期)*24+(出场时间-进场时间)"，即在 J2 单元格中输入"=(H2-F2)*24+(I2-G2)"，并向下拖动将数据进行填充。

13.2.2　计算各项收费金额

1．计算收费金额

依据停放时间和收费标准，计算当前收费金额并填入"收费金额"列。计算拟采用的收费政策的预计收费金额并填入"拟收费金额"列。计算拟调整后的收费与当前收费之间的差值并填入"差值"列。

操作步骤如下：

（1）因为计算收费金额是以分作为单位的，所以必须把小时转换为分钟。

首先使用 HOUR 函数，它是返回时间值的小时数，即一个介于 0（12:00 A.M.）到 23（11:00 P.M.）之间的整数。在 K2 插入 HOUR 函数，在参数中选择 J2，公式为"=HOUR(J2)"，获取到停放时间的小时后乘以 60，转换为分钟，公式为"=HOUR(J2)*60"。

其次将小时转换的时间加上分钟数，使用 MINUTE 函数（返回时间值中的分钟数，有效值在 00～59 之间的整数），在编辑栏公式"=HOUR(J2)*60"后输入"+MINUTE(J2)"，最后公式为"=HOUR(J2)*60+MINUTE(J2)"。

然后计算收费金额，因为每 15 分钟收费一次，所以将计算出来的分钟数除以 15，公式为"=(HOUR(J2)*60+MINUTE(J2))/15"。由于会出现不满 15 分钟的计时情况（不满 15 分钟按 15 分钟收费），所以要将"(=HOUR(J2)*60+MINUTE(J2))/15"计算出来的时间的小数部分截断并加上 1，使用 TRUNC 函数将数字的小数部分截去，返回整数，公式为"TRUNC((HOUR(J2)*60+MINUTE(J2))/15)+1"。

最后再用收费标准金额乘以计算出来的结果得到收费金额，公式为"=E2*(TRUNC((HOUR(J2)*60+MINUTE(J2))/15)+1)"，并向下自动填充单元格。

（2）计算拟收费金额。拟收费金额与收费金额的不同在于不满 15 分钟不收费，故在统计有多少个 15 分钟的时候将小数部分截断而不需要加 1，最后在 L2 单元格中的公式为"=E2*TRUNC((HOUR(J2)*60+MINUTE(J2))/15)"，并向下自动填充单元格。

（3）计算差值，在 M2 单元格中输入公式"=K2-L2"，并向下自动填充单元格。

2．求和运算

将"停车收费记录"表中的内容套用表格格式"表样式中等深浅 12"，并添加汇总行，最后三列"收费金额""拟收费金额"和"差值"汇总值均为求和。

操作步骤如下：

（1）选择"A1:M550"单元格区域，切换至"开始"选项卡，单击"样式"选项组中的"套用表格格式"，在下拉列表中选择"表样式中等深浅 12"。

（2）选择 K551 单元格，插入 SUM 函数完成求和运算，公式为"=SUM(K2:K550)"或"=SUM([收费金额])"。

（3）选择 K551 单元格，并向右自动填充 L551、M551 单元格进行求和运算。

3. 突出显示高金额

在"收费金额"列中，将单次停车收费达到 100 元的单元格突出显示为黄底红字的货币类型。

操作步骤如下：

（1）首先选择"收费金额"列单元格，然后切换至"开始"选项卡，单击"样式"选项组中的"条件格式"，在弹出的下拉列表中选择"突出显示单元格规则"→"大于"。

（2）在弹出的"大于"对话框中，将"数值"设置为 100，单击"设置为"右侧的下三角按钮，在弹出的下拉列表中选择"自定义格式"。

（3）在弹出的"设置单元格格式"对话框中切换至"字体"选项卡，将颜色设置为"红色"。

（4）切换至"填充"选项卡，将"背景色"设置为"黄色"，单击 "确定"按钮返回到"大于"对话框，再次单击"确定"按钮。

4. 每日收费情况统计

新建名为"数据透视分析"的表，在该表中创建三个数据透视表，起始位置分别为 A3、A11、A19 单元格。第一个透视表的行标签为"车型"，列标签为"进场日期"，求和项为"收费金额"，可以提供当前的每天收费情况；第二个透视表的行标签为"车型"，列标签为"进场日期"，求和项为"拟收费金额"，可以提供调整收费政策后的每天收费情况；第三个透视表行标签为"车型"，列标签为"进场日期"，求和项为"差值"，可以提供收费政策调整后每天的收费变化情况。

操作步骤如下：

（1）选择"停车收费记录"表中的 C2:M550 单元格区域。

（2）切换至"插入"选项卡，单击"表格"下的"数据透视表"按钮，弹出"创建数据透视表"对话框，单击"确定"按钮后进入数据透视表设计窗口。

（3）在"数据透视表字段列表"中拖动"车型"到行标签处，拖动"进场日期"到列标签处，拖动"收费金额"到数值区。将表置于现工作表 A3 为起点的单元格区域内。

（4）同样的方法得到第二和第三个数据透视表。

13.3 高级图表制作

打开"高级图表制作.xlsx"文件，按照实训要求完成各项操作。

13.3.1 特殊图形样式图表

请打开"特殊图形样式图表"工作表，根据表中提供的数据制作图表，图表参照图 13-8。
操作步骤如下：

（1）选取表格中的数据，制作"堆积柱形图"。

（2）制作一个五角星，单击"插入"→"形状"，选择五角星，并填充为红色。

（3）选中五角星，按 Ctrl+C 组合键复制，选中柱状图的"柱形"，按 Ctrl+V 组合键粘贴，如图 13-9 所示。

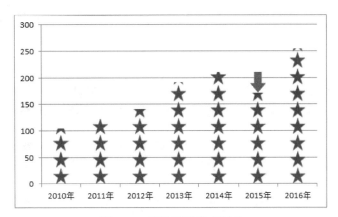

图 13-8　特殊图形样式图表

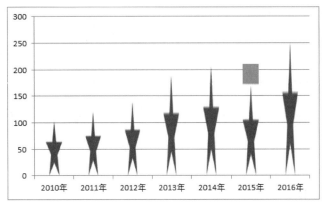

图 13-9　替换柱形

（4）选中五角星图形，右击选择快捷菜单"设置数据系列格式"，在"设置数据系列格式"对话框中选择"填充"选项卡，选择"层叠"，如图 13-10 所示，设置好后单击"关闭"按钮，得到图 13-11 所示效果。

图 13-10　设置层叠

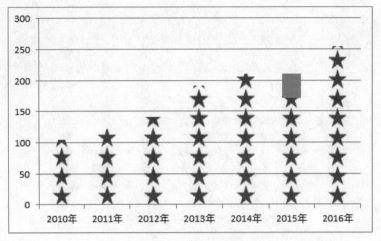

图 13-11   层叠效果

（5）依据上述方法再将堆积的柱形修改便可得到最终效果，如果此时想让图表能更直观地显示汽车销量或者是销售销量，还可以在互联网下载汽车或者是钱袋的图片进行替换。

13.3.2   对比型簇状条形图

请打开"对比型簇状条形图"工作表，根据表中提供的数据制作图表，图表参照图 13-12。

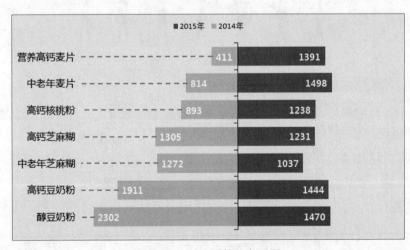

图 13-12   对比型簇状条形图

操作步骤如下：

（1）构建辅助列，在 2015 年数据的右侧新增一列，将 2014 年数据更改为负数。

（2）选中数据，单击"插入"选项卡，在"图表"组中选择"条形图"→"簇状条形图"。

（3）插入条形图后选择"纵坐标轴"，右击选择"设置坐标轴格式"，在"设置坐标轴格式"对话框的"坐标轴选项"选项卡中勾选"逆序类别"复选框，设置"标签与坐标轴的距离"为 0，选择"坐标轴标签"为"低"，"横坐标轴交叉"选择"最大分类"。然后切换到"线条颜色"选项卡，设置"线条颜色"为"实线"、"颜色"为"黑色"，最后修改坐标轴字体，如图 13-13 所示。

图 13-13　设置坐标轴格式

（4）选中图表中"数据系列"，右击设置"数据系列格式"，设置"系列选项"中的"系列重叠"为 100%、"分类间距"为 40%。

（5）选中图表区右击设置"图表区格式"，设置"填充"为"纯色填充"、"颜色"为"金色，强调文字颜色 4，淡色 80%"，再选中"图表区"的"网格线"并删除掉。

（6）选中"横坐标轴"，右击选择"设置坐标轴格式"，设置"最大值"为 2500、"最小值"为 2500。修改好后删除"横坐标轴"。

（7）选中图表，选择"布局"选项卡，在"标签"组中选择"数据标签"→"数据标签内"。

（8）选中负值数据标签，右击选择"设置数据标签格式"，设置"数字"→"类别"，选择"自定义"，在"格式代码"编辑框中输入"0;0;0"，单击添加，强制将负数显示为正数，然后设置数据标签字体与颜色。

（9）单击 2014 年数据系列，单击"布局"选项卡，在"分析"组中选择"误差线"→"标准误差线"→"误差线"，右击选择"设置误差线格式"，在"水平误差线"选项卡中设置"方向"为正负偏差、"末端样式"为"无线端"、"误差量"为"自定义"、"正错误值"为 50、"负错误值"为 2500，如图 13-14 所示。在"线条颜色"选项卡中设置线条为"实线"、"颜色"为"金色，强调文字颜色 4，淡色 25%"，在"线型"选项卡中设置宽度为"1.5 磅"。

（10）设置完后单击"关闭"按钮，适当修改图表大小、字体和图例显示的位置即可。

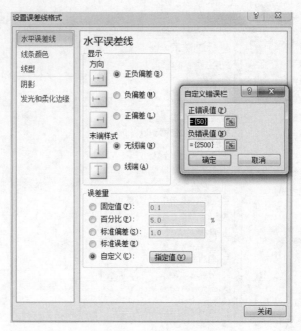

图 13-14　设置误差线格式

13.3.3　双层饼图

请打开"双层饼图"工作表，根据表中提供的数据制作图表，图表参照图 13-15。

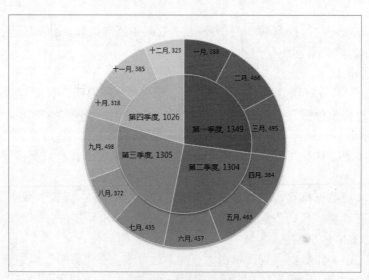

图 13-15　双层饼图

操作步骤如下：

（1）由于饼图以最先出现的系列为表现，所以要先绘制最里面一层的饼图——主饼图。选中营业额小计 B2:B13 单元格区域，选择"插入"选项卡，在"图表"组中选择"饼图"，插入后格式化图表，删除图例项、图表标题，调整图表大小、边框。

（2）绘制外层饼图。选择图表右击，在快捷菜单选择"选择数据"，单击"添加"按钮，在"编辑数据系列"对话框中的"系列名称"文本框中输入"月营业额","系列值"选择 D2:D13 单元格区域,单击"确定"按钮。在"选择数据源"对话框中单击"水平(分类)轴标签"下的"编辑",在"轴标签区域"选择 C2:C13,单击"确定"按钮,在"选择数据源"对话框中单击"确定"按钮退出。此时图表似乎没有任何变化。

(3)选中图表右击,在快捷菜单选择"设置数据系列格式",在"系列选项"选项卡中的"系列绘制在"项选中"次坐标轴","饼图分离程度"调整为 50%,如图 13-16 所示。然后关闭"设置数据系列格式"对话框。

图 13-16 设置数据系列格式

(4)单击图表的"营业额小计"系列,再单击"营业额小计"系列的其中一个扇区,按住鼠标左键不放,将第一扇区拖至饼图的中央对齐。用同样的方法将其他三个扇区拖到饼图中央对齐,如图 13-17 所示,然后分别选择两个饼图,设置"图表样式"为"样式 15"。

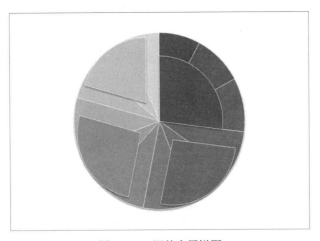

图 13-17 调整内层饼图

（5）右击图表，选择"选择数据"，选中"营业额小计"系列，单击"水平（分类）轴标签"下的"编辑"按钮，在"轴标签区域"选择 A2:A13 单元格区域，然后单击"确定"按钮。

（6）添加内层饼图标签。选中"营业额小计"系列，选择"布局"选项卡，在"标签"组中单击"数据标签"，选择"其他数据标签选项"，在"设置数据标签格式"对话框中勾选"类别名称"和"值"复选框，"标签位置"设为"最佳匹配"，然后单击"关闭"按钮，接着用同样的方法添加外层饼图标签。

（7）进一步美化图表并保存。

13.3.4　复杂组合图表

请打开"复杂组合图表"工作表，根据表中提供的数据制作图表，图表参照图 13-18。

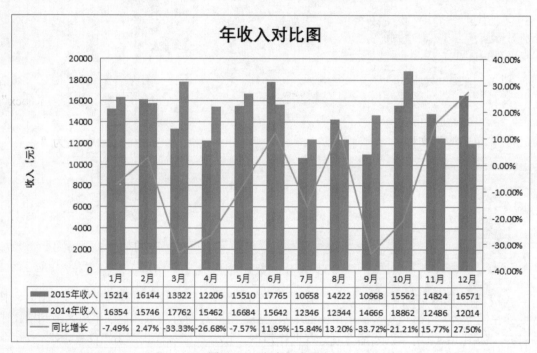

图 13-18　复杂组合图表

操作步骤如下：

（1）选中表格的所有数据，选择"插入"选项卡，在"图表"组中选择"柱形图"→"簇状柱形图"。

（2）选中图表的"同比增长"数据系列（由于数据太小，故创建图形的形状很小，选择的时候要有耐心），然后右击，在快捷菜单中选择"设置数据系列格式"，在"系列选项"选项卡中设置"系列绘制在"为"次坐标轴"，然后单击"关闭"按钮，将曲线调至次坐标。

（3）选中图表的"同比增长"数据系列，在"插入"选项卡的"图表"组中单击"折线图"，选择"折线图"，将"同比增长"数据系列改为"折线图"。

（4）选中图表，选择"设计"选项卡，在"图表布局"中选择"布局 5"，然后对图表大小、标题、字体等进行修改和微调，最后保存完成操作。

13.4　《小企业会计准则》的培训课件制作

某会计网校的刘老师正在准备《小企业会计准则》的培训课件，她的助手已搜集并整理了一份该准则的相关资料存放在"《小企业会计准则》培训素材.docx"文件中。请按下列要求帮助刘老师完成 PPT 课件的整合制作。

13.4.1　利用 Word 文档创建 PowerPoint

在 PowerPoint 中创建一个名为"小企业会计准则培训.pptx"的新演示文稿，该演示文稿需要包含 Word 文档"《小企业会计准则》培训素材.docx"中的所有内容。每一张幻灯片对应 Word 文档中的一页，其中 Word 文档中应用了"标题 1""标题 2""标题 3"样式的文本内容分别对应演示文稿中的每页幻灯片的标题文字、第一级文本内容、第二级文本内容。

操作步骤如下：

（1）启动 PowerPoint 演示文稿，单击"文件"选项卡下的"打开"，弹出"打开"对话框，将文件类型选为"所有文件"，找到文件夹下的素材文件"《小企业会计准则》培训素材.docx"，单击"打开"按钮即可将 Word 文件导入到 PowerPoint 中。

（2）单击演示文稿的"另存为"按钮，弹出"另存为"对话框，输入文件名为"小企业会计准则培训.pptx"，并单击"保存"按钮。

13.4.2　编辑 PowerPoint

1. 设置第 1 张幻灯片

将第 1 张幻灯片的版式设为"标题幻灯片"，在该幻灯片的右下角插入任意一幅剪贴画，依次为标题、副标题和新插入的图片设置不同的动画效果，并且指定动画的出现顺序为图片、标题、副标题。

操作步骤如下：

（1）选择第 1 张幻灯片，单击"开始"选项卡下"幻灯片"组中的"版式"下拉按钮，在弹出的下拉列表中选择"标题幻灯片"选项。

（2）单击"插入"选项卡"图像"组中的"剪贴画"按钮，弹出"剪贴画"窗格，然后在"搜索文字"下的文本框中输入文字"人物"，单击"搜索"按钮并选择剪贴画。适当调整剪贴画的位置和大小。

（3）选择标题文本框，在"动画"选项卡中的"动画"组中选择"淡出"动画。选择副标题文本框，为其选择"浮入"动画。选择图片，为其选择"随机线条"动画。单击"高级动画"组中的"动画窗格"，打开"动画窗格"，在该窗格中选择 Picture 6 并将其拖动至窗格的顶层，标题为第 2 层，副标题为第 3 层，如图 13-19 所示。

图 13-19　动画窗格

2．设置第 2～14 张幻灯片

取消第 2 张幻灯片中文本内容前的项目符号、并将最后两行落款和日期右对齐。将第 3 张幻灯片中用绿色标出的文本内容转换为"垂直框列表"类的 SmartArt 图形，并分别将每个列表框链接到对应的幻灯片。将第 9 张幻灯片的版式设为"两栏内容"，并在右侧的内容框中插入对应素材文档第 9 页中的图形。将第 14 张幻灯片最后一段文字向右缩进两个级别，并链接到文件"小企业准则适用行业范围.docx"。

操作步骤如下：

（1）选中第 2 张幻灯片中的文本内容，单击"开始"选项下"段落"组中"项目符号"右侧的下三角按钮，在弹出的下拉列表中选择"无"选项。选择最后的两行文字和日期，单击"段落"组中的"文本右对齐"按钮。

（2）选中第 3 张幻灯片中的文本内容，右击鼠标，在弹出的快捷菜单中选择"转换为 SmartArt"级联菜单中的"其他 SmartArt 图形"选项，在弹出的对话框中选择"列表"选项。然后在右侧的列表框中选择"垂直框列表"选项，单击"确定"按钮。

（3）选中"小企业会计准则的颁布意义"文字，右击鼠标，在弹出的快捷菜单中选择"超链接"选项，弹出"插入超链接"对话框，在该对话框中单击"本文档中的位置"按钮，在右侧的列表框中选择"4. 小企业会计准则的颁布意义"幻灯片，单击"确定"按钮。使用同样的方法将余下的文字链接到对应的幻灯片中。

（4）选择第 9 张幻灯片，单击"开始"选项卡下"幻灯片"组中的"版式"下拉按钮，在弹出的下拉列表中选择"两栏内容"选项。将文稿中第 9 页中的图形复制粘贴到幻灯片中，并将右侧的文本框删除，适当调整图片的位置。

（5）选中第 14 张幻灯片中的最后一行文字，单击"段落"组中的"提高列表级别"两次，然后右击鼠标，在弹出的快捷菜单中选择"超链接"选项，弹出"插入超链接"对话框，在该对话框中单击"现有文件或网页"按钮，在右侧的列表框中选择素材文件夹下的"小企业准则适用行业范围.docx"，单击"确定"。

3．设置第 15 张幻灯片

将第 15 张幻灯片自"（二）定性标准"开始拆分为标题同为"二、统一中小企业划分范畴"的两张幻灯片、并参考原素材文档中的第 15 页内容将前一张幻灯片中的红色文字转换为一个表格。

操作步骤如下：

（1）选择第 15 张幻灯片，切换至"大纲"视图，在"大纲"视图中将光标移至"100 人及以下"的右侧，按 Enter 键，然后单击"段落"组中的"降低列表级别"按钮，即可将第 15 张幻灯片进行拆分，然后将原有幻灯片的标题复制到拆分后的幻灯片中。

（2）删除幻灯片中的红色文字，选择素材文稿中第 15 页标红的表格和文字，将其粘贴到第 15 张幻灯片上。然后选中粘贴的对象，在"表格工具"→"设计"选项卡中，将"表格样式"设置为"主题样式 1-强调 6"，并对表格内的文字格式进行适当调整。

4．设置最后两张幻灯片

将素材文档第 16 页中的图片插入到对应幻灯片中，并适当调整图片大小。将最后一张幻灯片的版式设为"标题和内容"，将图片 pic1.gif 插入内容框中并适当调整其大小。将倒数第二张幻灯片的版式设为"内容与标题"，参考素材文档第 18 页中的样例，在幻灯片右侧的内容框中插入 SmartArt 不定向循环图，并为其设置一个逐项出现的动画效果。

操作步骤如下：

（1）选中素材文件第 16 页中的图片，复制粘贴到第 17 张幻灯片中，并适当调整图片的大小和位置。

（2）选择最后一张幻灯片，单击"开始"选项卡下"幻灯片"组中的"版式"下拉按钮，在弹出的下拉列表中选择"标题和内容"选项。然后在内容框内单击"插入来自文件的图片"按钮，弹出"插入图片"对话框，在该对话框中选择文件夹下的 pic1.gif 素材图片，然后单击"插入"按钮，适当调整图片的大小和位置。

（3）选择倒数第 2 张幻灯片，单击"开始"选项卡下"幻灯片"组中的"版式"下拉按钮，在弹出的下拉列表中选择"内容与标题"选项。然后将右侧内容框中的文字剪切到左侧的内容框内。单击右侧内容框内的"插入 SmartArt 图形"，在弹出的对话框中选择"循环"选项，在右侧的列表框中选择"不定向循环"选项。

（4）单击"确定"按钮，然后选择最左侧的形状，单击"设计"选项卡下"创建图形"组中的"添加形状"按钮，在弹出的下拉列表中选择"在前面添加形状"选项。然后在形状中输入文字。

（5）选中插入的 SmartArt 图形，选择"动画"选项卡"动画"组中的"缩放"选项。然后单击"效果选项"下拉按钮，在弹出的下拉列表中选择"逐个"选项。

13.4.3　PowerPoint 分节

将演示文稿按下列要求分为 5 节，并为每节应用不同的设计主题和幻灯片切换方式。

节名	包含的幻灯片
小企业准则简介	1～3
准则的颁布意义	4～8
准则的制定过程	9
准则的主要内容	10～18
准则的贯彻实施	19～20

操作步骤如下：

（1）将光标置入第 1 张幻灯片的上部，右击鼠标，在弹出的快捷菜单中选择"新增节"选项。然后选中"无标题节"文字，右击鼠标，在弹出的快捷菜单中选择"重命名节"选项，在弹出的对话框中将"节名称"设置为"小企业准则简介"，单击"重命名"按钮。

（2）将光标置入第 3 张与第 4 张幻灯片之间，使用前面介绍的方法新建节，并将节的名称设置为"准则的颁布意义"。使用同样的方法将余下的幻灯片进行分节。

（3）选中"小企业准则简介"节，然后选择"设计"选项卡下"主题"组中的"凤舞九天"主题。使用同样的方法为不同的节设置不同的主题，并对幻灯片内容的位置及大小进行适当的调整。

（4）选中"小企业准则简介"节，然后选择"切换"选项卡下"切换到此幻灯片"组中的"涟漪"选项。使用同样的方法为不同的节设置不同的切换方式。

二级 Office 综合实训

第 1 套　操作题真考题库试题

1. 字处理题

请在"答题"菜单下选择"进入考生文件夹"命令，并按照题目要求完成下面的操作。

注意：以下的文件必须保存在考生文件夹下。

在考生文件夹下打开文档 Word.docx。

某高校学生会计划举办一场名为"大学生网络创业交流会"的活动，拟邀请部分专家和老师给在校学生演讲。因此，校学生会外联部需制作一批邀请函，并分别递送给相关的专家和老师。

请按如下要求完成邀请函的制作。

（1）调整文档版面，要求页面高度 18 厘米、宽度 30 厘米，页边距（上、下）为 2 厘米，页边距（左、右）为 3 厘米。

（2）将考生文件夹下的图片"背景图片.jpg"设置为邀请函背景。

（3）根据"Word－邀请函参考样式.docx"文件，调整邀请函中内容文字的字体、字号和颜色。

（4）调整邀请函中内容文字的段落对齐方式。

（5）根据页面布局需要，调整邀请函中"大学生网络创业交流会"和"邀请函"两个段落的间距。

（6）在"尊敬的"和"老师"文字之间插入拟邀请的专家和老师姓名，拟邀请的专家和老师姓名在考生文件夹下的"通讯录.xlsx"文件中。每页邀请函中只能包含一位专家或老师的姓名，所有的邀请函页面请另外保存在一个名为"Word－邀请函.docx"文件中。

（7）邀请函文档制作完成后，请保存"Word.docx"文件。

2. 电子表格题

请在"答题"菜单下选择"进入考生文件夹"命令，并按照题目要求完成下面的操作。

注意：以下的文件必须保存在考生文件夹下。

小李今年毕业后，在一家计算机图书销售公司担任市场部助理，主要的工作职责是为部门经理提供销售信息的分析和汇总。

请根据销售数据报表（"Excel.xlsx"文件），按照如下要求完成统计和分析工作。

（1）请对"订单明细表"工作表进行格式调整，通过套用表格格式方法将所有的销售记录调整为一致的外观格式，并将"单价"列和"小计"列所包含的单元格调整为"会计专用"（人民币）数字格式。

（2）根据图书编号，请在"订单明细表"工作表的"图书名称"列中，使用 VLOOKUP 函数完成图书名称的自动填充。"图书名称"和"图书编号"的对应关系在"编号对照"工作表中。

（3）根据图书编号，请在"订单明细表"工作表的"单价"列中，使用 VLOOKUP 函数完成图书单价的自动填充。"单价"和"图书编号"的对应关系在"编号对照"工作表中。

（4）在"订单明细表"工作表的"小计"列中，计算每笔订单的销售额。

（5）根据"订单明细表"工作表中的销售数据，统计所有订单的总销售金额，并将其填写在"统计报告"工作表的 B3 单元格中。

（6）根据"订单明细表"工作表中的销售数据，统计《MS Office 高级应用》图书在 2012 年的总销售额，并将其填写在"统计报告"工作表的 B4 单元格中。

（7）根据"订单明细表"工作表中的销售数据，统计隆华书店在 2011 年第 3 季度的总销售额，并将其填写在"统计报告"工作表的 B5 单元格中。

（8）根据"订单明细表"工作表中的销售数据，统计隆华书店在 2011 年的每月平均销售额（保留两位小数），并将其填写在"统计报告"工作表的 B6 单元格中。

（9）保存"Excel.xlsx"文件。

3．演示文稿题

请在"答题"菜单下选择"进入考生文件夹"命令，并按照题目要求完成下面的操作。

注意：以下的文件必须保存在考生文件夹下。

为了更好地控制教材编写的内容、质量和流程，小李负责起草了图书策划方案（请参考"图书策划方案.docx"文件）。他需要将图书策划方案 Word 文档中的内容制作为可以向教材编委会进行展示的 PowerPoint 演示文稿。

现在，请根据图书策划方案中的内容，按照如下要求完成演示文稿的制作。

（1）创建一个新演示文稿，内容需要包含"图书策划方案.docx"文件中所有讲解的要点，具体如下：

1）演示文稿中的内容编排，需要严格遵循 Word 文档中的内容顺序，并仅需要包含 Word 文档中应用了"标题 1""标题 2""标题 3"样式的文字内容。

2）Word 文档中应用了"标题 1"样式的文字要成为演示文稿中每页幻灯片的标题文字。

3）Word 文档中应用了"标题 2"样式的文字要成为演示文稿中每页幻灯片的第一级文本内容。

4）Word 文档中应用了"标题 3"样式的文字要成为演示文稿中每页幻灯片的第二级文本内容。

（2）将演示文稿中的第一页幻灯片调整为"标题幻灯片"版式。

（3）为演示文稿应用一个美观的主题样式。

（4）在标题为"2012 年同类图书销量统计"的幻灯片页中，插入一个 6 行 5 列的表格，列标题分别为"图书名称""出版社""作者""定价"和"销量"。

（5）在标题为"新版图书创作流程示意"的幻灯片页中，将文本框中包含的流程文字利用 SmartArt 图形展现。

（6）在该演示文稿中创建一个演示方案，该演示方案包含第 1、2、4、7 页幻灯片，并将该演示方案命名为"放映方案1"。

（7）在该演示文稿中创建一个演示方案，该演示方案包含第1、2、3、5、6页幻灯片，并将该演示方案命名为"放映方案2"。

（8）保存制作完成的演示文稿，并将其命名为"PowerPoint.pptx"。

第2套　操作题真考题库试题

1．字处理题

请在"答题"菜单下选择"进入考生文件夹"命令，并按照题目要求完成下面的操作。

注意：以下的文件必须保存在考生文件夹下。

在考生文件夹下打开文档Word.docx，按照要求完成下列操作并以该文件名（Word.docx）保存文档。

某高校为了使学生更好地进行职场定位和职业准备，提高就业能力，学工处将于2013年4月29日（星期五）19:30－21:30在校国际会议中心举办题为"领慧讲堂——大学生人生规划"就业讲座。特别邀请资深媒体人、著名艺术评论家赵蕈先生担任演讲嘉宾。

请根据上述活动的描述，利用Microsoft Word制作一份宣传海报（宣传海报的参考样式请参考"Word－海报参考样式.docx"文件），要求如下：

（1）调整文档版面，要求页面高度35厘米，页面宽度27厘米，页边距（上、下）为5厘米，页边距（左、右）为3厘米，并将考生文件夹下的图片"Word－海报背景图片.jpg"设置为海报背景。

（2）根据"Word－海报参考样式.docx"文件，调整海报内容文字的字号、字体和颜色。

（3）根据页面布局需要，调整海报内容中"报告题目""报告人""报告日期""报告时间""报告地点"信息的段落间距。

（4）在"报告人："位置后面输入报告人姓名"赵蕈"。

（5）在"主办：校学工处"位置后另起一页，并设置第2页的页面纸张大小为A4篇幅，纸张方向设置为"横向"，页边距定义为"普通"。

（6）在新页面的"日程安排"段落下面，复制本次活动的日程安排表（请参考"Word－活动日程安排.xlsx"文件），要求表格内容引用Excel文件中的内容，若Excel文件中的内容发生变化，Word文档中的日程安排信息也随之发生变化。

（7）在新页面的"报名流程"段落下面，利用SmartArt制作本次活动的报名流程（学工处报名、确认坐席、领取资料、领取门票）。

（8）设置"报告人介绍"段落下面的文字排版布局为参考示例文件中所示的样式。

（9）插入考生文件夹下的"Pic2.jpg"照片，调整图片在文档中的大小，并将其放于适当位置，不要遮挡文档中的文字内容。

（10）调整所插入图片的颜色和图片样式，与"Word－海报参考样式.docx"文件中的示例一致。

2. 电子表格题

请在"答题"菜单下选择"进入考生文件夹"命令，并按照题目要求完成下面的操作。

注意：以下的文件必须保存在考生文件夹下。

小蒋是一位中学教师，在教务处负责初一年级学生的成绩管理。由于学校地处偏远地区，缺乏必要的教学设施，只有一台配置不太高的 PC 可以使用。他在这台 PC 中安装了 Microsoft Office，决定通过 Excel 来管理学生成绩，以弥补学校缺少数据库管理系统的不足。第一学期期末考试刚刚结束，小蒋将初一年级三个班的成绩均录入到了文件名为"学生成绩单.xlsx"的 Excel 工作簿文档中。

请根据下列要求帮助小蒋老师对该成绩单进行整理和分析。

（1）对工作表"第一学期期末成绩"中的数据列表进行格式化操作：将第一列"学号"列设为文本，将所有成绩列设为保留两位小数的数值，适当加大行高和列宽，改变字体和字号，设置对齐方式，增加适当的边框和底纹以使工作表更加美观。

（2）利用"条件格式"功能进行下列设置：将语文、数学、英语三科中不低于 110 分的成绩所在的单元格以一种字体和颜色填充，其他四科中高于 95 分的成绩以另一种字体和颜色标出，所用颜色深浅以不遮挡数据为宜。

（3）利用 SUM 和 AVERAGE 函数计算每一个学生的总分及平均成绩。

（4）学号第 3、4 位代表学生所在的班级，例如，"120105"代表 12 级 1 班 5 号。请通过函数提取每个学生所在的班级并按下列对应关系填写在"班级"列中。

"学号"的 3、4 位对应的班级

01	1班
02	2班
03	3班

（5）复制工作表"第一学期期末成绩"，将副本放置到原表之后。改变该副本表标签的颜色，并重新命名，新表名须包含"分类汇总"字样。

（6）通过分类汇总功能求出每个班各科的平均成绩，并将每组结果分页显示。

（7）以分类汇总结果为基础，创建一个簇状柱形图，对每个班各科平均成绩进行比较，并将该图表放置在一个名为"柱状分析图"新工作表中。

3. 演示文稿题

请在"答题"菜单下选择"进入考生文件夹"命令，并按照题目要求完成下面的操作。

注意：以下的文件必须保存在考生文件夹下。

文慧是某知名外语培训学校的人力资源培训讲师，负责对新入职的教师进行入职培训，其 PowerPoint 演示文稿的制作水平广受好评。最近，她应北京节水展馆的邀请，为展馆制作一份宣传水知识及节水工作重要性的演示文稿。

节水展馆提供的文字资料及素材参见"水资源利用与节水（素材）一.docx"，制作要求如下：

（1）标题页包含演示主题、制作单位（北京节水展馆）和日期（XXXX 年 X 月 X 日）。

（2）演示文稿须指定一个主题，幻灯片不少于 5 页，且版式不少于 3 种。

（3）演示文稿中除文字外要有 2 张以上的图片，并有 2 个以上的超链接进行幻灯片之间的跳转。

（4）动画效果要丰富，幻灯片切换效果要多样。

（5）演示文稿播放的全程需要有背景音乐。

（6）将制作完成的演示文稿以"水资源利用与节水.pptx"为文件名进行保存。

第 3 套　操作题真考题库试题

1. 字处理题

请在"答题"菜单下选择"进入考生文件夹"命令，并按照题目要求完成下面的操作。

注意： 以下的文件必须保存在考生文件夹下。

在考生文件夹下打开文档 Word.docx，按照要求完成下列操作并以该文件名（Word.docx）保存文件。

按照参考样式"Word 参考样式.jpg"完成设置和制作。

具体要求如下：

（1）设置页边距为上、下、左、右各 2.7 厘米，装订线在左侧；设置文字水印页面背景，文字为"中国互联网信息中心"，水印版式为斜式。

（2）设置第 1 段文字"中国网民规模达 5.64 亿"为标题。设置第 2 段文字"互联网普及率为 42.1%"为副标题。改变段间距和行间距（间距单位为行），使用"独特"样式修饰页面。在页面顶端插入"边线型提要栏"文本框，将第 3 段文字"中国经济网北京 1 月 15 日讯 中国互联网信息中心今日发布《第 31 展状况统计报告》。"移入文本框内，设置字体、字号、颜色等。在该文本的最前面插入类别为"文档信息"、名称为"新闻提要"的域。

（3）设置第 4～6 段文字，要求首行缩进 2 个字符。将第 4～6 段的段首"《报告》显示"和"《报告》表示"设置为斜体、加粗、红色、双下划线。

（4）将文档中"附：统计数据"后面的内容转换成 2 列 9 行的表格，为表格设置样式；将表格的数据转换成簇状柱形图，插入到文档中"附：统计数据"的前面，保存文档。

2. 电子表格题

请在"答题"菜单下选择"进入考生文件夹"命令，并按照题目要求完成下面的操作。

注意： 以下的文件必须保存在考生文件夹下。

在考生文件夹下打开工作簿文件 Excel.xlsx，按照要求完成下列操作并以该文件名（Excel.xlsx）保存工作簿。

某公司拟对其产品季度销售情况进行统计，打开"Excel.xlsx"文件，按以下要求操作：

（1）分别在"一季度销售情况表"和"二季度销售情况表"工作表内计算"一季度销售额"列和"二季度销售额"列的内容，均为数值型，保留小数点后 0 位。

（2）在"产品销售汇总图表"内计算"一二季度销售总量"和"一二季度销售总额"列的内容，数值型，保留小数点后 0 位。在不改变原有数据顺序的情况下，按一二季度销售总额给出销售额排名。

（3）选择"产品销售汇总图表"内 Al:E21 单元格区域内容，建立数据透视表，行标签为产品型号，列标签为产品类别代码，求和计算一二季度销售额的总计，将表置于现工作表 G1 为起点的单元格区域内。

3. 演示文稿题

请在"答题"菜单下选择"进入考生文件夹"命令，并按照题目要求完成下面的操作。

注意：以下的文件必须保存在考生文件夹下。

打开考生文件夹下的演示文稿 yswg.pptx，根据考生文件夹下的文件"PPT－素材.docx"，按照下列要求完善此文稿并保存。

（1）使文稿包含 7 张幻灯片，设计第 1 张为"标题幻灯片"版式，第 2 张为"仅标题"版式，第 3～6 张为"两栏内容"版式，第 7 张为"空白"版式。所有幻灯片统一设置背景样式，要求有预设颜色。

（2）第 1 张幻灯片标题为"计算机发展简史"，副标题为"计算机发展的四个阶段"。第 2 张幻灯片标题为"计算机发展的四个阶段"。在标题下面空白处插入 SmartArt 图形，要求含有 4 个文本框，在每个文本框中依次输入"第一代计算机"……"第四代计算机"，更改图形颜色，适当调整字体字号。

（3）第 3～6 张幻灯片，标题内容分别为素材中各段的标题。左侧内容为各段的文字介绍，加项目符号，右侧为考生文件夹下存放相对应的图片。第 6 张幻灯片需插入两张图片（"第四代计算机－1.jpg"在上，"第四代计算机－2.jpg"在下）。在第 7 张幻灯片中插入艺术字，内容为"谢谢！"。

（4）为第 1 张幻灯片的副标题、第 3～6 张幻灯片的图片设置动画效果，第 2 张幻灯片的 4 个文本框超链接到相应内容幻灯片。为所有幻灯片设置切换效果。

第4套　操作题真考题库试题

1. 字处理题

请在"答题"菜单下选择"进入考生文件夹"命令，并按照题目要求完成下面的操作。

注意：以下的文件必须保存在考生文件夹下。

文档"北京政府统计工作年报.docx"是一篇从互联网上获取的文字资料，请打开该文档并按下列要求进行排版及保存操作。

（1）将文档中的西文空格全部删除。

（2）将纸张大小设为 16 开，上边距设为 3.2 厘米，下边距设为 3 厘米，左右页边距均设为 2.5 厘米。

（3）利用素材前三行内容为文档制作一个封面页，令其独占一页（参考样例见文件"封面样例.png"）。

（4）将标题"（三）咨询情况"下用蓝色标出的段落部分转换为表格，为其套用一种表格样式使其更加美观。基于该表格数据，在表格下方插入一个饼图，用于反映各种咨询形式所占比例，要求在饼图中仅显示百分比。

（5）将文档中以"一、""二、"……开头的段落设为"标题 1"样式，以"（一）""（二）"……开头的段落设为"标题 2"样式，以"1、""2、"……开头的段落设为"标题 3"样式。

（6）为正文第 3 段中用红色标出的文字"统计局政府网站"添加超链接，链接地址为 http://www.bjstats.gov.cn/。同时在"统计局政府网站"后添加脚注，内容为 http://www.bjstats. gov.cn。

（7）将除封面页外的所有内容分为两栏显示，但是前述表格及相关图表仍需跨栏居中显示，无需分栏。

（8）在封面页与正文之间插入目录，目录要求包含标题第 1～3 级及对应页号。目录单独占用一页，且无须分栏。

（9）除封面页和目录页外，在正文页上添加页眉，内容为文档标题"北京市政府信息公开工作年度报告"和页码，要求正文页码从第 1 页开始，其中奇数页眉居右显示，页码在标题右侧，偶数页眉居左显示，页码在标题左侧。

（10）将完成排版的文档先以原 Word 格式即文件名"北京政府统计工作年报.docx"进行保存，再另行生成一份同名的 PDF 文档进行保存。

2．电子表格题

请在"答题"菜单下选择"进入考生文件夹"命令，并按照题目要求完成下面的操作。

注意：以下的文件必须保存在考生文件夹下。

中国的人口发展形势非常严峻，为此国家统计局每 10 年进行一次全国人口普查，以掌握全国人口的增长速度及规模。按照下列要求完成对第五次、第六次人口普查数据的统计分析。

（1）新建一个空白 Excel 文档，将工作表 sheet1 更名为"第五次普查数据"，将工作表 sheet2 更名为"第六次普查数据"，将该文档以"全国人口普查数据分析.xlsx"为文件名进行保存。

（2）浏览网页"第五次全国人口普查公报.html"，将其中的"2000 年第五次全国人口普查主要数据"表格导入到工作表"第五次普查数据"中。浏览网页"第六次全国人口普查公报.html"，将其中的"2010 年第六次全国人口普查主要数据"表格导入到工作表"第六次普查数据"中（要求均从 A1 单元格开始导入，不得对两个工作表中的数据进行排序）。

（3）对两个工作表中的数据区域套用合适的表格样式，要求至少四周有边框，且偶数行有底纹，并将所有人口数列的数字格式设为带千分位分隔符的整数。

（4）将两个工作表内容合并。合并后的工作表放置在新工作表"比较数据"中（自 A1 单元格开始），且保持最左列仍为地区名称、A1 单元格中的列标题为"地区"，对合并后的工作表适当地调整行高列宽、字体字号、边框底纹等，使其便于阅读。以"地区"为关键字对工作表"比较数据"进行升序排列。

（5）在合并后的工作表"比较数据"中的数据区域最右边依次增加"人口增长数"和"比重变化"两列，计算这两列的值，并设置合适的格式。其中：人口增长数＝2010 年人口数-2000 年人口数；比重变化＝2010 年比重-2000 年比重。

（6）打开工作簿"统计指标.xlsx"，将工作表"统计数据"插入到正在编辑的文档"全国人口普查数据分析.xlsx"中工作表"比较数据"的右侧。

（7）在工作簿"全国人口普查数据分析.xlsx"的工作表"比较数据"中的相应单元格内填入统计结果。

（8）基于工作表"比较数据"创建一个数据透视表，将其单独存放在一个名为"透视分析"的工作表中。透视表中要求筛选出 2010 年人口数超过 5000 万的地区及其人口数、2010 年所占比重、人口增长数，并按人口数从多到少排序。最后适当调整透视表中的数字格式。（提示：行标签为"地区"，数据依次为 2010 年人口数、2010 年比重、人口增长数）。

3. 演示文稿题

请在"答题"菜单下选择"进入考生文件夹"命令，并按照题目要求完成下面的操作。

注意：以下的文件必须保存在考生文件夹下。

某学校初中二年级五班的物理老师要求学生两人一组制作一份物理课件。小曾与小张自愿组合，他们制作完成的第一章后三节内容见文档"第 3~5 节.pptx"，前两节内容存放在文本文件"第 1~2 节.pptx"中。小张需要按下列要求完成课件的整合制作：

（1）为演示文稿"第 1~2 节.pptx"指定一个合适的设计主题，为演示文稿"第 3~5 节.pptx"指定另一个设计主题，两个主题应不同。

（2）将演示文稿"第 3~5 节.pptx"和"第 1~2 节.pptx"中的所有幻灯片合并到"物理课件.pptx"中，要求所有幻灯片保留原来的格式。以后的操作均在文档"物理课件.pptx"中进行。

（3）在"物理课件.pptx"的第 3 张幻灯片之后插入一张版式为"仅标题"的幻灯片，输入标题文字"物质的状态"，在标题下方制作一张射线列表式关系图，样例参考"关系图素材及样例.docx"，所需图片在考生文件夹中。为该关系图添加适当的动画效果，要求同一级别的内容同时出现、不同级别的内容先后出现。

（4）在第 6 张幻灯片后插入一张版式为"标题和内容"的幻灯片，在该张幻灯片中插入与素材"蒸发和沸腾的异同点.docx"文档中所示相同的表格，并为该表格添加适当的动画效果。

（5）将第 4 张、第 7 张幻灯片分别链接到第 3 张、第 6 张幻灯片的相关文字上。

（6）除标题页外，为幻灯片添加编号及页脚，页脚内容为"第一章　物态及其变化"。

（7）为幻灯片设置适当的切换方式，以丰富放映效果。

第 5 套　操作题真考题库试题

1. 字处理题

请在"答题"菜单下选择"进入考生文件夹"命令，并按照题目要求完成下面的操作。

注意：以下的文件必须保存在考生文件夹下。

在考生文件夹下打开文档 Word.docx。

【背景素材】

为了更好地介绍公司的服务与市场战略，市场部助理小王需要协助完成制作公司战略规划文档，并调整文档的外观与格式。

请按照如下需求，在 Word.docx 文档中完成制作工作。

（1）调整文档纸张大小为 A4 幅面，纸张方向为纵向，并调整上、下页边距为 2.5 厘米，左、右页边距为 3.2 厘米。

（2）打开考生文件夹下的"Word_样式标准.docx"文件，将其文档样式库中的"标题 1，标题样式一"和"标题 2，标题样式二"复制到 Word.docx 文档样式库中。

（3）将 Word.docx 文档中的所有红颜色文字段落应用为"标题 1，标题样式一"段落样式。

（4）将 Word.docx 文档中的所有绿颜色文字段落应用为"标题 2，标题样式二"段落样式。

（5）将文档中出现的全部"软回车"符号（手动换行符）更改为"硬回车"符号（段落标记）。

（6）修改文档样式库中的"正文"样式，使得文档中所有正文段落首行缩进 2 个字符。

（7）为文档添加页眉，并将当前页中样式为"标题 1，标题样式一"的文字自动显示在页眉区域中。

（8）在文档的第 4 个段落后（标题为"目标"的段落之前）插入一个空段落，并按照下面的数据方式在此空段落中插入一个折线图图表，将图表的标题命名为"公司业务指标"。

	销售额	成本	利润
2010 年	4.3	2.4	1.9
2011 年	6.3	5.1	1.2
2012 年	5.9	3.6	2.3
2013 年	7.8	3.2	4.6

2．电子表格题

请在"答题"菜单下选择"进入考生文件夹"命令，并按照题目要求完成下面的操作。

注意： 以下的文件必须保存在考生文件夹下。

在考生文件夹下打开文档 Excel.xlsx。

【背景素材】

财务部助理小王需要向主管汇报 2013 年度公司差旅报销情况，现在请按照如下需求，在 Excel.xlsx 文档中完成工作。

（1）在"费用报销管理"工作表"日期"列的所有单元格中，标注每个报销日期属于星期几，例如日期为"2013 年 1 月 20 日"的单元格应显示为"2013 年 1 月 20 日星期日"，日期为"2013 年 1 月 21 日"的单元格应显示为，"2013 年 1 月 21 日星期一"。

（2）如果"日期"列中的日期为星期六或星期日，则在"是否加班"列的单元格中显示"是"，否则显示"否"（必须使用公式）。

（3）使用公式统计每个活动地点所在的省份或直辖市，并将其填写在"地区"列所对应的单元格中，例如"北京市""浙江省"等。

（4）依据"费用类别编号"列的内容，使用 VLOOKUP 函数生成"费用类别"列内容。对照关系参考"费用类别"工作表。

（5）在"差旅成本分析报告"工作表 B3 单元格中统计 2013 年第二季度发生在北京市的差旅费用总金额。

（6）在"差旅成本分析报告"工作表 B4 单元格中统计 2013 年员工钱顺卓报销的火车票

费用总额。

（7）在"差旅成本分析报告"工作表 B5 单元格中，统计 2013 年差旅费用中飞机票费用占所有报销费用的比例，并保留两位小数。

（8）在"差旅成本分析报告"工作表 B6 单元格中，统计 2013 年发生在周末（星期六和星期日）的通信补助总金额。

3. 演示文稿题

请在"答题"菜单下选择"进入考生文件夹"命令，并按照题目要求完成下面的操作。

注意： 以下的文件必须保存在考生文件夹下。

【背景素材】

校摄影社团在今年的摄影比赛结束后，希望可以借助 PowerPoint 将优秀作品在社团活动中进行展示。这些优秀的摄影作品保存在考试文件夹中，并以 Photo(1)、Photo(2)……Photo(12) 命名。

请按照如下需求，在 PowerPoint 中完成制作工作：

（1）利用 PowerPoint 应用程序创建一个相册，并包含 Photo(1)、Photo(2)……Photo(12) 共 12 幅摄影作品。在每张幻灯片中包含 4 张图片，并将每幅图片设置为"居中矩形阴影"相框形状。

（2）设置相册主题为考试文件夹中的"相册主题.pptx"样式。

（3）为相册中每张幻灯片设置不同的切换效果。

（4）在标题幻灯片后插入一张新的幻灯片，将该幻灯片设置为"标题和内容"版式。在该幻灯片的标题位置输入"摄影社团优秀作品赏析"，并在该幻灯片的内容文本框中输入 3 行文字，分别为"湖光春色""冰消雪融"和"田园风光"。

（5）将"湖光春色""冰消雪融"和"田园风光" 3 行文字转换为样式为"蛇形图片重点列表"的 SmartArt 对象，并将 Photo(1).jpg、Photo(6).jpg 和 Photo(9).jpg 定义为该 SmartArt 对象的显示图片。

（6）为 SmartArt 对象添加自左至右的"擦除"进入动画效果，并要求在幻灯片放映时该 SmartArt 对象元素可以逐个显示。

（7）在 SmartArt 对象元素中添加幻灯片跳转链接，使得单击"湖光春色"标注形状可跳转至第 3 张幻灯片，单击"冰消雪融"标注形状可跳转至第 4 张幻灯片，单击"田园风光"标注形状可跳转至第 5 张幻灯片。

（8）将考试文件夹中的"ELPHRG01.wav"声音文件作为该相册的背景音乐，并在幻灯片放映时即开始播放。

（9）将该相册保存为"PowerPoint.pptx"文件。

参考文献

[1] 张伟利、何钰娟、朱烨，等．Office 高级应用[Z]．成都信息工程大学．https://www.icourse163.org/course/CUIT-1002260004.

[2] 王立松，潘梅园，朱敏．大学计算机实践教程:面向计算思维能力培养[M]．2 版．北京：电子工业出版社，2014.

[3] 周丽娟，纪澍琴．大学计算机基础[M]．北京：科学出版社，2012.

[4] 李健苹．计算机应用基础教程[M]．2 版．北京：人民邮电出版社，2016.

[5] 刘志敏．计算机应用基础教程[M]．北京：清华大学出版社，2015.

[6] 段永平，陈海英，安远英，等．计算机应用基础教程[M]．北京：清华大学出版社，2017.

[7] 刘志强，沈红，贾应智，等．计算机应用基础教程[M]．北京：机械工业出版社，2009.

[8] 战德臣，聂兰顺．大学计算机：计算思维导论[M]．北京：电子工业出版社，2013.

[9] 欧丽辉，孙壮桥，杨玉敏，等．计算机应用基础教程[M]．北京：中国金融出版社，2017.

[10] 杨海波，侯萍，俞炫昊．大学计算机基础实践教程[M]．北京：科学出版社，2012.

[11] 吴兆明．计算机应用基础教程[M]．北京：人民邮电出版社，2018.

[12] 黄和，蔡洪涛．计算机应用基础教程[M]．北京：科学出版社，2017.

[13] 周晶．计算机应用基础实践教程[M]．北京：清华大学出版社，2013.

[14] 陈娟，卢东芳，杜松江，等．计算机应用基础实践教程[M]．北京：电子工业出版社，2017.

[15] 李晓艳，郭维威．计算机应用基础实践教程[M]．北京：人民邮电出版社，2016.